深派教育

人工智能教育项目系列丛书

Python编程神秘的代码世界

罗朝宣 汪婷 但非 陈晓丹 著

深圳报业集团出版社 广东教育出版社

出 版 人：龙建涛
责任编辑：彭春红　魏孜文　吴　萌
特邀编辑：赵　杰
责任校对：何杏蔚　杨　杰　廖安妮
装帧设计：林国壮

图书在版编目（CIP）数据

Python编程 ：神秘的代码世界 / 罗朝宣等著.
深圳 ：深圳报业集团出版社, 2025. 3. -- (人工智能教育项目系列丛书). -- ISBN 978-7-80774-156-5
Ⅰ. TP312.8-49
中国国家版本馆CIP数据核字第2025P6F816号

人工智能教育项目系列丛书
RENGONG ZHINENG JIAOYU XIANGMU XILIE CONGSHU

Python 编程：神秘的代码世界
Python BIANCHENG SHENMI DE DAIMA SHIJIE

罗朝宣 汪婷 但非 陈晓丹　著

深圳报业集团出版社出版发行
（518034　深圳市福田区商报路 2 号）
中华商务联合印刷（广东）有限公司印制　新华书店经销
版次：2025 年 3 月第 1 版
印次：2025 年 3 月第 1 次印刷
开本：787mm×1092mm　1/16
总字数：480 千字　　总印张：23
ISBN　978-7-80774-156-5
定价：168.00 元（共 3 册）

前 言

数字化时代，掌握一门编程语言是至关重要的。Python 语言因其易学易用、功能强大、应用广泛等特点，成为全球教育领域的首选。为了帮助七、八年级学生提前适应未来社会的技术挑战，我们精心编写了《Python 编程：神秘的代码世界》教材，将编程知识与跨学科的真实问题相结合，采用项目驱动的方式，通过一系列有趣实用、由浅入深的编程任务，帮助学生构建坚实的编程基础。在内容的设计上，我们秉承“科”与“技”并重的教学理念，注重创设真实情境，引入多元化数字资源，鼓励“做中学”“用中学”“创中学”，以增强学生的问题解决能力和创新能力，提升学生的计算思维等信息科技核心素养，并引导学生在使用信息科技解决问题的过程中遵守道德规范和科技伦理。

每章结构

背景探索

介绍编程在不同学科如数学、科学和美术中的应用，或展示编程如何解决实际生活中的问题，以增强学生对学习内容的兴趣和求知欲。

核心问题

每章确定拟解决的 2—3 个具体问题，这些问题应当反映出编程技能在现实生活或其他学科中的应用。

技能导航

明确列出学习目标，描述学生在完成每章后应掌握的核心编程概念和技能。

每节结构

编程任务

为每一节设计一个基于真实情境的编程任务，任务内容与学生的日常生活或兴趣相关。

循序渐进的子任务

新星启航： 介绍基础概念和简单的编程任务。

击破万难： 增加任务的复杂度，引入更多的编程元素和更复杂的逻辑。

巅峰对决： 布置挑战性最高的任务，要求学生综合使用已学知识，创新性地解决复杂问题。

术语解密

解释每章中出现的非编程术语，例如数学概念、科学原理等。

知识宝藏

深入讲解每一节中涉及的编程基础知识，如数据类型、控制结构、函数等。

神秘拓展

提供编程知识的拓展内容，如高级数据结构、算法原理等，以激发学生的探索兴趣。

编程实现

展示具体的编程代码实例，帮助学生理解如何将理论应用于实践。

运行调试

展示代码运行的结果，并讨论可能遇到的问题及其调试方法。

接下来，请跟随我们一起进入神秘的代码世界，解锁编程的无限可能吧！

课时计划

章	节	主要知识点	难度等级	课时	建议
第一章 探索自然中的几何美	一、线条艺术	turtle 库	★☆☆☆☆	1	必修
	二、万紫千红	random 库	★★☆☆☆	1	必修
第二章 探寻生活中的魔法	一、智能商标	赋值语句	★★☆☆☆	2	必修
	二、购物狂欢	表达式与运算符	★★★☆☆	3	必修
第三章 解码运动中的数据科学	一、运动强度大考验	单分支和双分支语句	★★☆☆☆	2	必修
	二、BMI 大揭秘	多分支语句	★★★☆☆	2	必修
第四章 循环文学乐园的奥秘	一、成语大闯关	while 循环	★★★★☆	2	必修
	二、飞花绽芳华	for 循环	★★★★☆	2	必修
第五章 开发一个“简易计算器”小程序	—	Tkinter 库	★★★★☆	2	必修
第六章 循环文学乐园的奥秘	一、程序解一元二次方程	解析算法	★★★☆☆	1	选修
	二、遗忘的密码	枚举算法	★★★☆☆	1	选修
第七章 项目活动：飞机大战 · 打单词	“飞机大战 · 打单词”游戏	—	★★★★★	3	选修

什么是 Python

编程在现代社会中扮演着越来越重要的角色，不仅在科学、数学和工程领域有着广泛应用，还在艺术、音乐和日常生活中发挥着重要作用。通过编程，我们可以解决许多实际生活中的问题，比如自动化重复性任务、分析大量数据、开发有趣的游戏和应用程序等。Python 作为一种简单易学、功能强大的编程语言，已经成为全球最受欢迎的编程语言之一。

核心问题

1. Python 语言有什么特点？能开发什么程序？
2. Python 有哪些编译环境？

技能导航

1. 了解 Python 编程语言的基本特点和应用领域。
2. 认识 Python 在数据分析、人工智能、网络开发等领域的实际应用。
3. 掌握 Python 语言相较于其他编程语言的优势。

同学们，你们听说过哪些编程语言呢？可能你们都听说过非常难学的 C 语言，非常流行的 Java 语言。那么，Python 是一种什么样的编程语言呢？

在学习 Python 之前，我们需要先了解一下什么是编程语言。编程语言是一种计算机和人都能识别的语言，通过它，我们可以和计算机进行交流。

现在全世界有上千种编程语言，不同的编程语言完成同一个任务，编写的代码量差距很大。比如说，C 语言通常需要更多的代码行数，因为它是低级语言，需要手动管理内存和其他资源。Java 语言相对 C 语言来说更简洁，但仍然需要较多的代码行数来处理对象和类。而 Python 语言通常可以用更少的代码行数实现相同的功能。简而言之，同一个程序，C 语言可能需要写 1000 行代码，Java 只需要写 100 行，而 Python 可能只需要 20 行。这么说，你应该知道 Python 的强大之处了吧！

Python 由吉多·范罗苏姆于 1989 年底发明，第一个公开发行版发行于 1991 年，它是一种解释型、面向对象且具有动态数据类型特点的高级程序设计语言。那么，Python 语言有哪些特点呢？

它是一种解释型语言：开发过程中没有编译这个环节，类似于 PHP 和 Perl 语言。解释型语言是一种在运行时由解释器逐行解释和执行代码的编程语言，无需在运行前将代码预先编译成机器码，它具有即时执行、跨平台、易调试、开发效率高等特点。

作为一种解释型语言，通常不需要传统意义上的编译器，但它有多种集成开发环境（IDE）和编辑器可以帮助编写和运行代码。常见的 Python 编译环境有：

IDLE：Python 自带的简单集成开发环境，适合初学者。

PyCharm：功能强大的集成开发环境，适合专业开发者。

VS Code：轻量级编辑器，支持多种编程语言和插件。

Jupyter Notebook：适合数据科学和机器学习的交互式环境。

Thonny：专为初学者设计的简单易用的 IDE。

海龟编辑器（Turtle Editor）是一个非常适合初中生学习 Python 的编译环境，相较于其他编译环境，它具有以下优势：

简单易用：界面简洁，操作简单。

图形化编程：可切换至积木模式，便于学生快速理解编程逻辑。

资源丰富：内嵌很多教程和示例，帮助学生逐步掌握编程知识。

跨平台支持：可以在 Windows、Mac 等多种操作系统中运行。

海龟编辑器

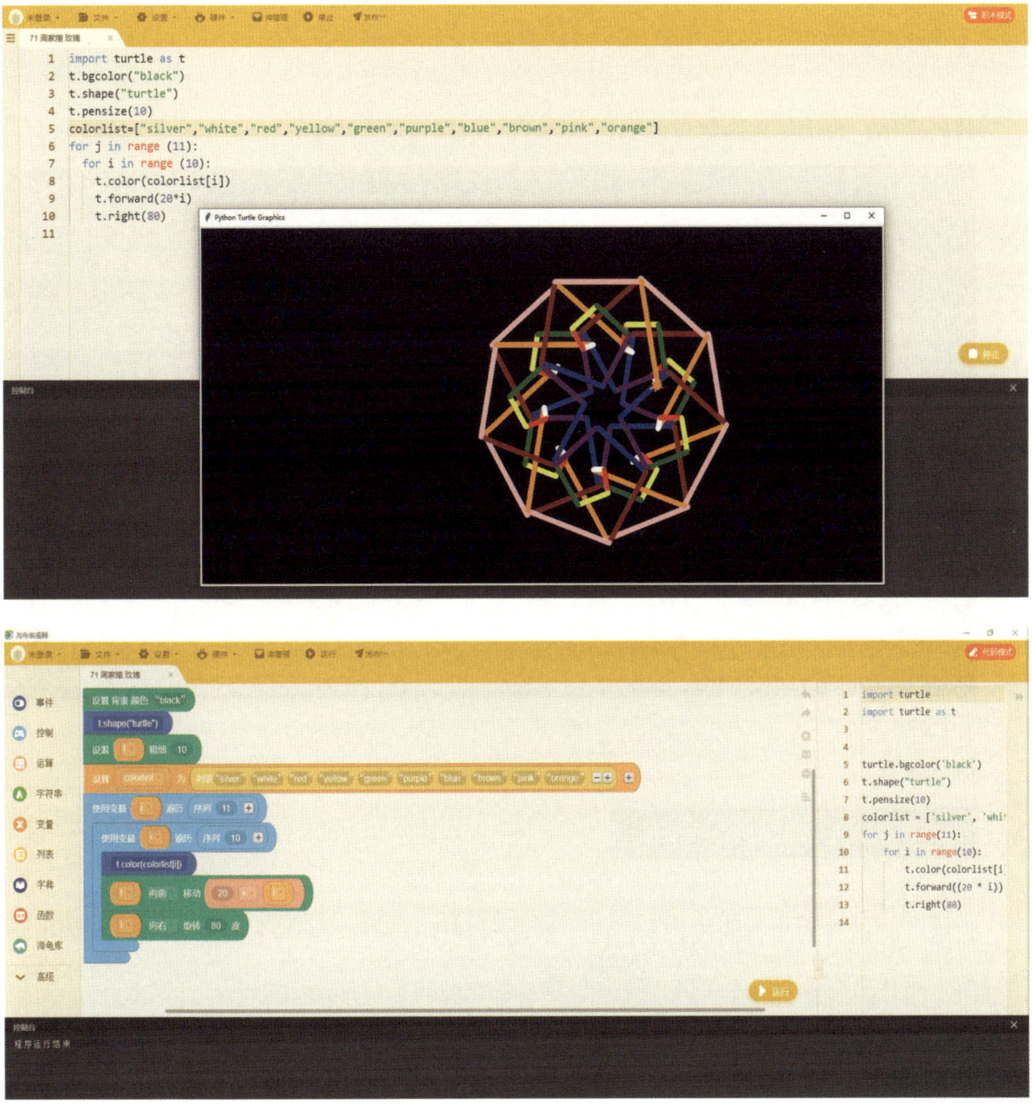

海龟编辑器界面

它是一种交互式语言：可以在一个 Python 提示符 >>> 后直接执行代码。

代码示例：输出字符串

```
>>> print("Hello, World!")
```

执行结果

```
Hello, World!
```

它是一种面向对象的语言：面向对象的编程（OOP）是一种编程范式，它通过“对象”来组织代码，对象是类的实例，类是对现实世界中事物的抽象。面向对象的语言具有封装、继承、多态、抽象等特点。

代码示例：表示学生选课

```
# 定义一个表示学生的类
class Student:
    # 初始化学生的名字
    def __init__(self, name):
        self.name = name  # 把传入的名字保存到学生对象里

    # 定义一个方法，表示学生选课
    def enroll(self, course):
        return f"{self.name} has enrolled in {course}."  # 返回一个字符串

# 创建一个学生对象，名字叫 Alice
student1 = Student("Alice")

# 让 Alice 选修数学课程，并打印结果
print(student1.enroll("Math"))  # 输出：Alice has enrolled in Math.
```

执行结果：

```
Alice has enrolled in Math.
```

它是一种适合初学者的语言：Python 对初级程序员而言，是一种伟大的语言，不但简洁易学，而且功能强大。近年来，有很多非常受欢迎的平台都是用 Python 开发的。

知乎

Django：用于构建和管理网站的后端框架。

MySQL：用于数据库操作，存储和检索用户的提问和回答。

requests：用于处理 HTTP 请求，获取和发送数据。

Jinja2：用于模板渲染，生成动态网页内容。

豆瓣

Django：用于构建和管理网站的后端框架。

BeautifulSoup：用于解析和处理 HTML 内容，抓取书籍、电影、音乐等信息。

Pandas：用于数据处理，管理用户评论和推荐数据。

Matplotlib：用于数据可视化，生成统计图表。

哔哩哔哩

Flask/Django：用于构建和管理网站的后端框架。

OpenCV：用于视频处理和分析，支持视频上传和播放。

Celery：用于任务队列和异步处理，管理视频上传、转码。

Redis：用于缓存和消息队列，提升网站性能和响应速度。

这些平台功能的实现依赖于 Python 语言的各种库和框架，软件工程师通过使用这些工具，能够高效地开发和维护复杂的网络应用。

相较其他语言，Python 语言有以下几个优势：

简洁易学：Python 的语法非常简洁，容易上手，适合初学者学习。

功能强大：Python 有丰富的库和框架，能够实现各种复杂的功能。

跨平台：Python 可以在 Windows、Mac 等不同的操作系统中运行。

社区支持：Python 有一个庞大的社区，遇到问题时很容易找到解决方案。

同学们，相信你们对 Python 已经有了一个初步的了解。Python 不仅功能强大，还非常适合初学者学习。希望大家在接下来的课程中能够认真学习 Python，掌握这门非常有用的编程语言。让我们一起加油，探索编程的奇妙世界吧！

目 录

第一章
探索自然中的几何美

背景探索

在自然界中，螺旋形状无处不在，从春天的藤蔓到蜗牛的壳，从银河系的旋涡到食品圈的意面。这种形状广泛存在于贝壳、银河系、植物生长等物品或现象中。螺旋线不仅令人着迷，还揭示了自然和宇宙中的隐秘秩序，象征着生命和能量的循环递变。在编程中，我们通过结合循环与直线的方法绘制螺旋线，展示其动态的美学和数学的魅力。

同样，花朵图案的设计也可以借鉴自然界的形态。利用循环与圆的结合，我们可以生成形态各异的花卉图案。这种方法不仅可以模拟花瓣围绕中心的自然排列，还能通过改变循环参数创造出多样的花型，使花朵在屏幕上动态盛开，为观众呈现一场色彩斑斓、充满生命力的视觉盛宴。这样的技术应用让传统艺术与现代科技完美融合，打开了艺术创作的新境界。

核心问题

1. 如何用 Python 编程指令让"turtle"移动，且移动的距离呈规律递增？
2. 如何用 Python 编程指令让"turtle"画出的线条拥有变幻莫测的颜色？

技能导航

1. 学会 Python 的基础语法。
2. 学会 turtle 图形库和 random 随机库的用法。
3. 学会变量赋值与调用的方法。
4. 学会 + − * / 四类算术运算符。
5. 学会 for i in range( ) 循环语句用法。
6. 学会 RGB 颜色模式。

一、线条艺术

编程任务

学校正在举办新一届“前海潮”艺术展，你和同学打算通过 Python 编程将螺旋线的自然之美与现代科技相结合，搭建一个自然与科技融合的动态螺旋线艺术装置用于参展，观众可以自由改变螺旋线的形状和颜色，体验科技带来的无限可能。

术语解密

阿基米德螺旋

很久以前，古希腊的城市锡拉库萨有一个名叫阿基米德的数学家，阿基米德热爱探索自然现象，也对数学和机械装置充满兴趣。

有一天，阿基米德注意到，当他尝试画一个固定角速度旋转的点，同时这个点以固定速度从中心向外移动时，所形成的路径是一个螺旋形，这种螺旋形很特别，因为它的每个转弯都比前一个稍微大一点，这样就形成了一个均匀扩展的螺旋。阿基米德对这个发现感到非常兴奋，因为这个螺旋不仅美丽，还可以用来解决许多数学和工程问题。

由于河床地势低，农田地势高，农民只能拎水浇地，阿基米德看到后开始思考：可不可以让水往高处流呢？他产生了一个大胆的设想：做一个大螺旋，把它放在一个圆筒里，这样，当螺旋转起来后，水不就可以沿着螺旋沟流到高处去了吗？

于是，他设计了一种叫作“阿基米德螺旋泵”的装置，成为有史以来最早的水泵发明者。这种泵利用螺旋线的原理来提升水流，对农业灌溉和城市供水系统有很大的帮助。你还能联想到生活中的哪些螺旋线呢？

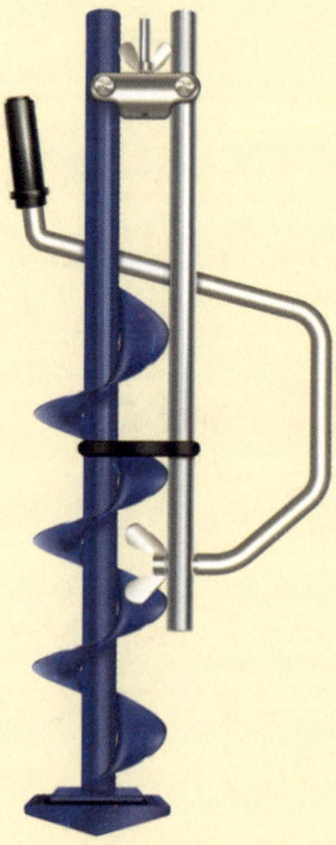

图 1-1　阿基米德螺旋泵

图 1-2　生活中的螺旋线

第一关　新星启航

turtle 是 Python 语言中用于绘制图像的函数库，time 是 Python 语言中用于控制时间的函数库。请你参照以下 turtle 库和 time 库的用法，绘制一个边长为 100 像素的等边三角形。

（一）turtle 库的用法

```
import turtle                    # 导入 turtle 库
turtle.bgcolor("color")          # 设置画布颜色为 color
turtle.color("color")            # 设置画笔颜色为 color
turtle.shape("turtle")           # 设置画笔造型为海龟形状
turtle.pensize(n)                # 设置画笔粗细为 n
turtle.forward(n)                # 向前移动 n 个像素
turtle.backward(n)               # 向后移动 n 个像素
turtle.left(x)                   # 逆时针旋转 x 度
turtle.right(x)                  # 顺时针旋转 x 度
turtle.begin_fill( )             # 开始填充图形
turtle.end_fill( )               # 结束填充
```

（二）time 库的用法

```
import time                      # 导入 time 库
time.sleep(x)                    # 暂停 x 秒
```

编程实现

```
### 初始化区
import turtle as t              # 导入 turtle 库并将它重命名为 t
import time as ti               # 导入 time 库并将它重命名为 ti
t.bgcolor("black")              # 设置画布颜色为黑色
t.color("pink", "blue")         # 设置轮廓颜色为粉色、填充颜色为蓝色
t.pensize(5)                    # 设置画笔粗细为 5 像素
t.shape("turtle")               # 设置画笔造型为海龟
### 绘画区：一个边长为 100 像素的等边三角形
t.begin_fill( )                 # 开始填充
t.forward(100)                  # 向前移动 100 个像素
t.right(120)                    # 顺时针旋转 120 度
t.forward(100)                  # 向前移动 100 个像素
t.right(120)                    # 顺时针旋转 120 度
t.forward(100)                  # 向前移动 100 个像素
t.end_fill( )                   # 结束填充
### 展示区
ti.sleep(3)                     # 暂停 3 秒
```

术语解密

已知等边三角形的内角为 60°，为什么画笔每次顺时针旋转的角度是 120° 呢？

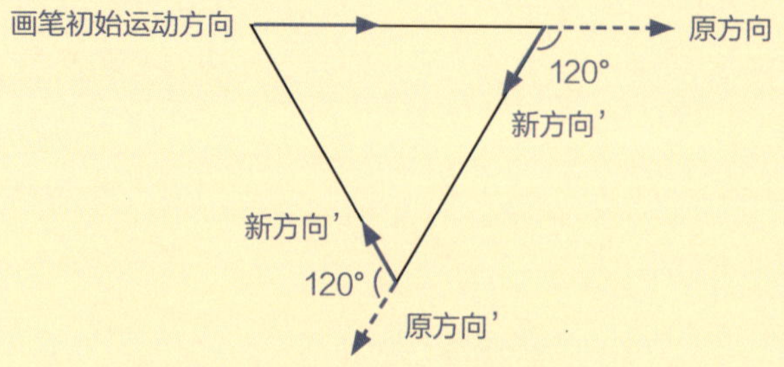

图 1-3 如何计算画笔的旋转角度

运行调试

单击“运行”按钮，调试、修改报错的红色代码行。

图 1-4　轮廓粉色、填充蓝色的三角形

知识宝藏

（一）python 语言的基础语法

1. 插入 # 表示注释。
2. 标点符号须为英文字符。
3. 引号、括号须等成对出现。
4. 代码是自上而下执行的。

（二）time 库的其他用法

```
time.time( )              # 返回当前时间的时间戳
```

第二关　击破万难

请你参照以下 turtle 库的用法，绘制由七条长度依次为 10、20、30、40、50、60、70 的彩虹三角螺旋线。

编程实现

```
### 初始化区
import turtle as t
import time as ti
t.bgcolor("black")
t.pensize(5)
t.shape("turtle")
```

```
### 绘画区：彩虹三角螺旋线
t.color("red")          # 设置画笔颜色为红色
t.forward(10)           # 向前移动 10 个像素
t.right(120)
t.color("orange")       # 设置画笔颜色为橙色
t.forward(20)           # 向前移动 20 个像素
t.right(120)
t.color("yellow")       # 设置画笔颜色为黄色
t.forward(30)           # 向前移动 30 个像素
t.right(120)
t.color("green")        # 设置画笔颜色为绿色
t.forward(40)           # 向前移动 40 个像素
t.right(120)
t.color("cyan")         # 设置画笔颜色为青色
t.forward(50)           # 向前移动 50 个像素
t.right(120)
t.color("blue")         # 设置画笔颜色为蓝色
t.forward(60)           # 向前移动 60 个像素
t.right(120)
t.color("purple")       # 设置画笔颜色为紫色
t.forward(70)           # 向前移动 70 个像素
### 展示区
ti.sleep(3)             # 暂停 3 秒
```

运行调试

单击“运行”按钮，调试、修改报错的红色代码行。

图 1-5　彩虹三角螺旋线

神秘拓展

你能通过调整画笔的前进距离和旋转角度，绘制出酷炫的创意图案吗?

图 1-6　创意灵感

第三关　巅峰对决

请你参照以下循环语句和变量的用法，将彩虹三角螺旋线的 26 行代码缩减为 11 行。

（一）变量的创建与赋值

```
x=1                         # 创建一个名为 x，值为 1 的变量
x+=1                        # 变量 x 的值增加 1
x=[1,2,3]                   # 创建一个名为 x，值为 1，2，3 的列表
x[0]                        # 获取列表 x 中索引为 0 的值
x=["red","orange"]          # 创建一个名为 x，值为红色、橙色的列表
```

（二）循环语句的使用

```
for i in range(n):          # 把 0 到（n−1）中的整数依次赋给名为 i 的变量
    turtle.forward(i*10)    # 向前移动 i*10 个像素
```

编程实现

```
### 初始化区
import turtle as t
import time as ti
t.bgcolor("black")
t.pensize(5)
t.shape("turtle")
# 创建一个名为 color，值为红色（编号为 0）、橙色（编号为 1）、黄色（编号为 2）、绿色（编号为 3）、青色（编号为 4）、蓝色（编号为 5）、紫色（编号为 6）的列表
color=["red","orange","yellow","green","cyan","blue","purple"]
### 绘画区：彩虹三角螺旋线
for i in range(7):          # 把 0，1，2，3，4，5，6（共 7 个整数）依次赋给名为 i 的变量
t.color(color[i])           # 设置画笔颜色为 color 列表中第 i 个颜色
    t.forward((i+1)*10)     # 向前移动（i+1）* 10 个像素
    t.right(120)
### 展示区
ti.sleep(3)                 # 暂停 3 秒
```

知识宝藏

算术运算符

算术运算符	描述	实例	算术运算符	描述	实例
+	加	a=2 b=1 a+b=3	−	减	a=2 b=1 a−b=1
×	乘	a=2 b=1 a*b=2	/	除	a=2 b=1 a/b=2

二、万紫千红

编程任务

春节花市是一个热闹、喜庆的传统节日场所，为了让今年的花市更加精彩，你被邀请设计一场灯光秀，通过现代科技展示花卉的多姿多彩。你的任务是利用 Python 编程语言，生成万紫千红的花卉造型，并使这些花卉在屏幕上动态盛开，为整个花市增添引人入胜的夺目光彩。

术语解密

RGB 色彩模式

你有一个超级神奇的画板，和三种颜色的画笔：红色、绿色和蓝色。这三支画笔就是我们今天要学习的 RGB 色彩模式中的“R（红）”“G（绿）”和“B（蓝）”。

每支画笔的亮度可以调整：从 0（最暗）到 255（最亮）。就像调节灯光的开关，数字越大，颜色就越亮。

如果把红色调到 255，绿色和蓝色都调到 0，就能得到最纯的红色。

如果把绿色调到 255，红色和蓝色都调到 0，就能得到最纯的绿色。

如果把蓝色调到 255，绿色和红色都调到 0，就能得到最纯的蓝色。

图 1-7　RGB 色彩模式中的红色、绿色、蓝色

如果我们把三种颜色都调到 0（最暗），就只有黑色了。反过来，如果我们把三种颜色都调到 255（最亮），就可以得到白色。

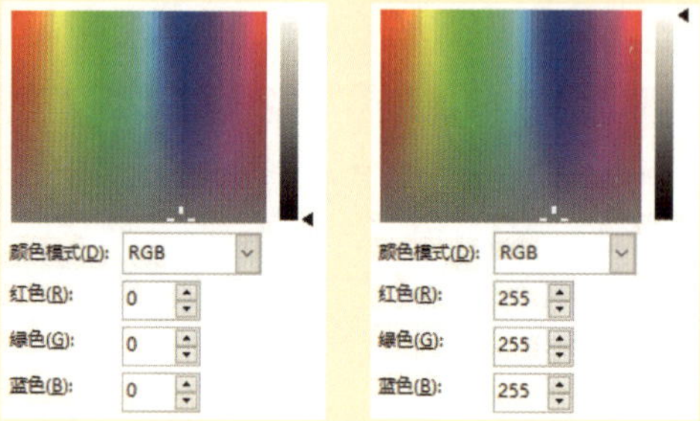

图 1-8　RGB 色彩模式中的黑色和白色

第一关　新星启航

尝试绘制一节蓝色车厢。

```
turtle.circle(n)    # 画一个半径为 n 的圆
```

编程实现

```
### 初始化区
import turtle as t
import time as ti
t.pensize(5)
t.shape("turtle")
### 绘画区：蓝色车身
t.color("blue")
t.begin_fill( )
t.forward(200)
```

```
t.right(90)
t.forward(50)
t.right(90)
t.forward(200)
t.right(90)
t.forward(50)
t.end_fill( )
### 非绘画区：画笔移动到坐标为 (75,-50) 的点
t.penup( )
t.goto(75,-50)
t.pendown( )
### 绘画区：黑色前轮
t.color("black")
t.begin_fill( )
t.circle(25)
t.end_fill( )
### 非绘画区：画笔移动到坐标为 (175,-50) 的点
t.penup( )
t.goto(175, -50)
t.pendown( )
### 绘画区：黑色后轮
t.begin_fill()
t.circle(25)
t.end_fill()
### 展示区
ti.sleep(3)             # 暂停 3 秒
```

术语解密

RGB 色彩模式

已知画笔的默认起始点是 (0,0)，如何计算画笔要移动到哪个坐标点呢？

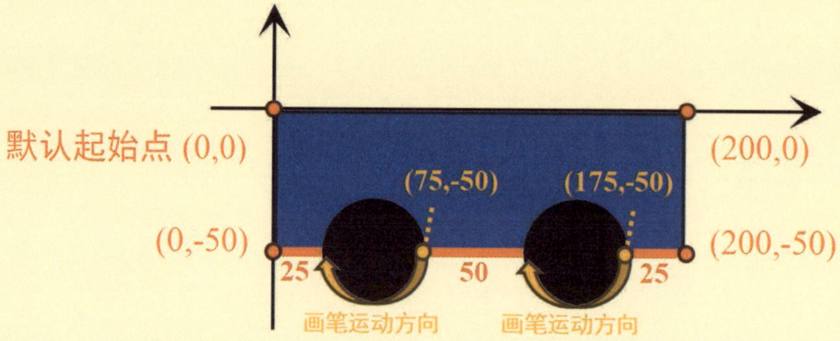

图 1-9　如何计算画笔的旋转角度

运行调试

单击“运行”按钮，调试、修改报错的红色代码行。

图 1-10　一节蓝色车厢

知识宝藏

turtle 库的其他用法

```
turtle.penup( )          # 抬起画笔，移动时不会留下运动轨迹
turtle.pendown( )        # 落下画笔，移动时会留下运动轨迹
turtle.goto(x,y)         # 将画笔移动到坐标为（x,y）的点上
```

神秘拓展

你能通过调整画笔的前进距离和旋转角度，绘制具有出创意的汽车造型吗？

2023 级七（2）班 郑文炫 2023 级七（8）班 施孝泽 2023 级七（6）班 李俊赫

2023 级七（2）班 廖以谦 2023 级七（6）班 李明洋

图 1-11 学生创意作品

第二关 击破万难

请你尝试绘制一朵六瓣花。

```
for i in range(n):        # 把 0 到（n−1）中的整数依次赋给名为 i 的变量
    t.circle(x)           # 画一个半径为 x 的圆
    t.right(y)            # 顺时针旋转 y 度
```

编程实现

```
### 初始化区
import turtle as t
import time as ti
t.pensize(5)
t.shape("turtle")
t.bgcolor("black")
t.color("red")
t.speed(0)                # 加速
```

```
### 绘画区：花
for i in range(200):   # 把 0,1,2,3,……,198,199（共 200 个整数）依次赋给名为 i 的变量
    t.circle(i)        # 画一个半径为 i 的圆
    t.right(60)
### 展示区
ti.sleep(3)            # 暂停 3 秒
```

术语解密

range( ) 函数：用于创建一个整数列表，一般用于 for 循环中。

range(start,stop,step)

· 计数从 start 值开始，一般默认是从 0 开始，start 值为 0 时可省略不写。

· 计数到 stop 值结束，但不包括 stop 值。

· 每次增加幅度为 step 值，一般默认步长（即增幅）为 1，step 值为 1 时可省略不写。

实例：

```
range(10)            # 从 0 到 9
```

执行结果：0, 1, 2, 3, 4, 5, 6, 7, 8, 9

```
range(1, 11)         # 从 1 到 10
```

执行结果：1, 2, 3, 4, 5, 6, 7, 8, 9, 10

```
range(0, 30, 5)      # 从 0 到 29 且步长为 5
```

执行结果：0, 5, 10, 15, 20, 25

```
range(0, −10, −1)    # 从 0 到 −9 且步长为 −1
```

执行结果：0, −1, −2, −3, −4, −5, −6, −7, −8, −9

运行调试

单击“运行”按钮，调试、修改报错的红色代码行。

图1-12　一朵六瓣花

神秘拓展

你能通过调整画笔颜色、旋转角度和运动轨迹，绘制出具有创意的花朵造型吗？

绚丽八瓣花

密密麻麻的圆

炫彩蜗牛壳

消失的旋涡

图1-13　创意灵感

编程实现

1. “绚丽八瓣花”部分代码展示：

```
color = ["red", "orange", "yellow", "green", "cyan", "blue", "purple"]
x=1
for j in range(30):
    for i in range(7):
        t.color(color[i])
        t.circle(x)
        t.right(45)
        x+=1
```

2. “密密麻麻的圆”部分代码展示：

```
color = ["red", "orange", "yellow", "green", "cyan", "blue", "purple"]
x=1
for j in range(30):
    for i in range(7):
        t.color(color[i])
        t.circle(x)
        t.right(1)
        t.circle(x*2)
        t.left(100)
        x+=1
```

3. “炫彩蜗牛壳”部分代码展示：

```
color = ["red", "orange", "yellow", "green", "cyan", "blue", "purple"]
x=1
for j in range(33):
    for i in range(7):
        t.color(color[i])
        t.circle(x)
        t.right(5)
        x+=1
```

4.“消失的旋涡”部分代码展示：

```
color = ["red", "orange", "yellow", "green", "cyan", "blue", "purple"]
x=1
for j in range(30):
    for i in range(7):
        t.color(color[i])
        t.circle(x)
        t.right(20)
        t.forward(x)
        x+=1
```

第三关　巅峰对决

请你尝试绘制一朵颜色深浅不一的混色花。

```
import random                      # 导入 random 库并给它起一个别名 r
turtle.colormode(255)              # 设置颜色模式为 RGB 模式

red=random.randint(x,y)            # 设置红色值为 x-y 中的一个随机整数
green= random.randint(x,y)         # 设置绿色值为 x-y 中的一个随机整数
blue= random.randint(x,y)          # 设置蓝色值为 x-y 中的一个随机整数
t.color(red,green,blue)            # 设置 RGB 颜色为 (red,green,blue)
```

编程实现

```
### 初始化区
import turtle as t
import time as ti
import random as r
t.pensize(5)
t.shape("turtle")                  # 设置画笔造型为海龟
t.bgcolor("black")                 # 设置画布颜色为黑色
t.speed(0)                         # 加速
t.colormode(255)                   # 设置颜色模式为 RGB 模式
```

```
### 绘画区：颜色随机的花
for i in range(200):
    green = r.randint(0, 255)          # 设置绿色值为 0—255 中的一个随机整数
    t.color(255, green, 255)
    t.circle(i)
    t.right(45)
ti.sleep(3)                            # 暂停 3 秒
```

运行调试

单击“运行”按钮，调试、修改报错的红色代码行。

图 1-14　一朵颜色深浅不一的粉色花

神秘拓展

你能通过调整 red 值、green 值和 blue 值，绘制出你喜爱的花朵颜色吗？

red 值随机

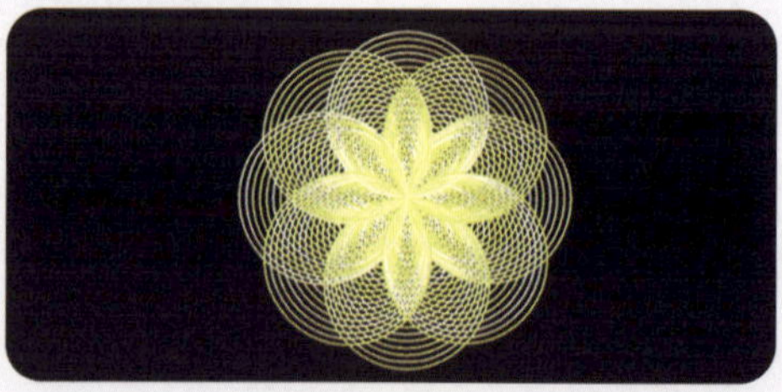

blue 值随机

blue 值随机

blue 值随机

green 值、blue 值随机

red 值、green 值、blue 值随机

图 1-15　创意灵感

知识宝藏

colormode 颜色模式

1. 通过颜色英文或色号来设置颜色：默认使用该模式

```
turtle.color("black","red")                # 设置轮廓为黑色，填充为红色。
turtle.color("#000000","#FF0000")          # 设置轮廓为黑色，填充为红色。
```

2. 通过 RGB 值来设置颜色：设置颜色模式为 RGB 模式 turtle.colormode(255)

```
turtle.color((0,0,0),(255,0,0))            # 设置轮廓为黑色，填充为红色。
```

第二章
探寻生活中的智能魔法

背景探索

日常生活的每个角落，智能技术正在悄然施展着它的魔法。从懂得精打细算的购物精灵到能听懂指令的智能家居，再到精准预测你偏好的智能推荐，代码驱动的魔法编织着便捷与惊喜，让平凡变得非凡。

核心问题

1. 如何使用 Python 编程指令向“Shopping 派”输入商品信息?
2. 如何使用 Python 编程指令让“Shopping 派”实现自动库存管理?
3. 如何使用 Python 编程指令让“Shopping 派”自动计算购物清单价格?

技能导航

1. 掌握赋值语句的一般表达方式和基本类型。
2. 了解顺序结构的概念和特点。
3. 阐述顺序结构程序设计的一般过程。
4. 应用赋值语句、运算符、表达式解决真实问题。
5. 在程序编写过程中，锻炼发现问题、分析问题和解决问题的能力。

一、智能商标

编程任务

科技城中央坐落着一间“智慧便利店”。“智慧便利店”团队向你发出邀请，希望你与他们一同设计开发一款购物精灵“Shopping 派”，实现全智能化的商品库存管理，期待你和“智慧便利店”团队的精彩表现。

第一关　新星启航

请说出下列程序的执行结果，并输入程序运行检测你的判断是否正确。

```
name =" 苹果 "
price ="5.00 元 / 斤 "
print(name +" 的单价是 "+price+"。")
```

知识宝藏

（一）赋值语句的概念

赋值是把指定的值或表达式的计算结果赋给某个变量存储起来。格式为：

〈变量名〉 = 〈表达式〉

说明：

1. 赋值符号“=”不等于数学中的等号“=”，它的作用是将“=”右侧表达式的值赋给“=”左侧的变量。如：sum=sum+1 的含义是将计算前的 sum+1 赋值给计算后的 sum。

2. 赋值语句中的〈表达式〉可以是数值、函数、字符串、运算表达式、变量名等，如：subject='shuxue'，sum=sum+2 等。

（二）赋值语句的类型

赋值语句的方式有序列赋值、链接赋值与列表赋值。

A．序列赋值：将一系列值赋给一个变量或多个变量在 Python 中，你可以使用逗号分隔的方式依次为多个变量赋值。例如：a,b,c = 1,2,3 可看作顺序设置变量的值，等同于 a=1，b=2，c=3。序列赋值可以为变量赋予不同类型的值，如：a,b,c = 1,2,"Amy"，等同于 a=1，b=2，c=Amy。

B. 链接赋值：链式赋值也被称为多目标赋值，它允许你将一个值赋给多个变量。例如：a = b = c = 1 表示将 1 引用赋值给 a、b 和 c，等同于 a=1，b=1，c=1。

C. 列表赋值：列表赋值允许你将一组值赋给一组变量。在 Python 中，你可以使用列表来将一组值赋给一组变量。例如：

```
values = [1, 2, 3]
a, b, c = values
```

在这个例子中，我们将列表 values 中的值分别赋给变量 a,b 和 c，这就是列表赋值。

运行调试

单击“运行”按钮，调试错误代码。

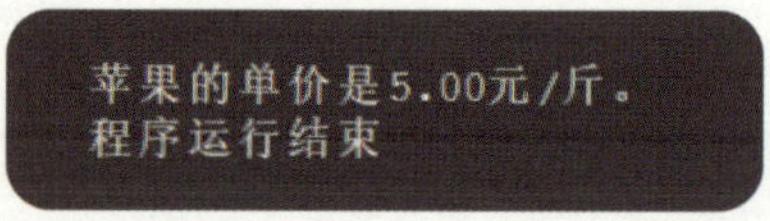

图 2-1　程序运行结果示例

第二关　击破万难

目前“智慧便利店”库存水果有苹果 50 斤，单价 5.00 元 / 斤；香蕉 30 斤，单价 1.80 元 / 斤；橙子 40 斤，单价 3.00 元 / 斤。请你为“Shopping 派”设计智能商标功能，输出商品信息。

算法导航

“Shopping 派”需要准确记录并输出商品名称、库存量和价格，其步骤如下：

1. 输入已知商品信息：苹果的库存和单价；香蕉的库存和单价；橙子的库存和单价。

2. 设计商标商品信息格式：商品—库存（斤）—单价（元）。

3. 计算机输出商品信息。

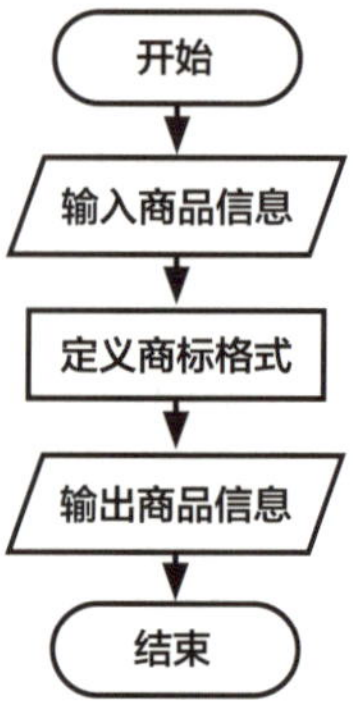

图 2-2　智能商标制作思路

知识宝藏

（一）顺序结构

计算机在执行程序命令时，通常按照从上到下的顺序依次执行，这种程序结构称为顺序结构。它是计算机程序中最基础且最常用的程序结构。只要我们按照解决问题的顺序编写相应的语句代码，计算机就会自上而下地逐行执行。

（二）流程图

“一图胜千言。” 流程图（Flow Diagram）是一种利用图形符号和文字说明来描述算法的图形，也称为程序框图，它使用程序框、流程线和各种特定的图形符号来展示程序的逻辑流程。流程图在程序设计中扮演着重要的角色，它可以帮助开发人员更好地理解和设计程序的逻辑结构。

表 2-1　流程图的基本图形符号及功能说明

程序框	符号名称	功能说明
	终端框（起止框）	表示一个算法的开始或结束
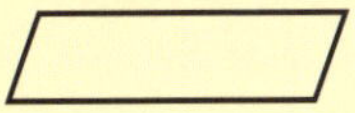	输入框或输出框	表示数据的输入或结果的输出
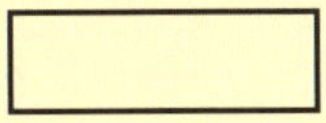	处理框（执行框）	表示一个单独的活动步骤
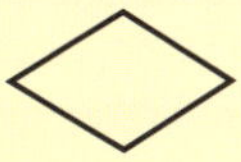	判断框（选择框）	判断给定条件是否成立，成立时在出口标明“是”或“Y”；不成立时标明“否”或“N”
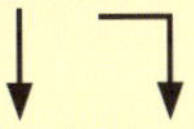	流程线	用带有方向箭头的流程线连接不同的程序框，表示流程的方向。

编程实现

获取并输出商品名称、库存量和价格代码如下：

```
# 获取用户输入的库存商品名称、数量和单价
name = input(" 请输入库存商品名称：")    # 输入商品名称赋值变量 name
stock = input(" 请输入库存商品数量（斤）：")    # 输入商品数量，并赋值给变量
```

```
stock
price = input(" 请输入商品单价（元）：")    # 输入商品名称，并赋值给变量 price
# 输出商品信息
info = f"{name}- 库存 ({stock} 斤 )- 单价 ({price} 元 )"    # 定义商标信息命名规则
print(" 商品信息：" + info)    # 输出商品信息
```

运行调试

单击“运行”按钮，并依次输入库存商品名称、库存商品数量以及商品单价。

```
请输入库存商品名称：苹果
请输入库存商品数量（斤）：50
请输入商品单价（元）：5
商品信息：苹果-库存(50斤)-单价(5元)
程序运行结束
```

图 2-3　智能商标制作代码运行结果示例

第三关　巅峰对决

作为“Shopping 派”的技术开发者，你被要求进一步优化智能商标的功能，使其能存储多件商品的名称、单价、库存以及生产日期。当用户输入商品名称时，会自动输出商品信息。

编程实现

代码示例如下：

```
# 定义商品信息
items = [
    [" 苹果 ", 50,5.00,  "2024-06-01"],
    [" 香蕉 ", 30, 1.80, "2024-06-05"],
    [" 橙子 ", 40, 3.00, "2024-06-03"]
]
```

```
# 将商品信息存储在一个字典中，方便查询
item_dict = {item[0]: item for item in items}

# 询问用户需要知道什么商品的信息
product_name = input(" 请输入您要查询的商品名称：")

# 检查商品是否存在
if product_name in item_dict:
    item = item_dict[product_name]
    print(f" 商品名称：{item[0]}")
    print(f" 单价：{item[1]:.2f} 元 / 斤 ")
    print(f" 库存量：{item[2]} 斤 ")
    print(f" 生产日期：{item[3]}")
else:
    print(" 抱歉，未找到该商品的信息。")
```

运行调试

运行上述代码，查库存苹果商品结果如图 2–4 所示。

```
请输入您要查询的商品名称：苹果
商品名称：苹果
单价：5.00元/斤
库存量：50斤
生产日期：2024-06-01
程序运行结束
```

图 2–4　查询商品代码运行结果示例

二、购物狂欢

编程任务

春节期间，“智慧便利店”将举办新春狂欢节，为顾客带来超值购物体验。“Shopping 派”化身智慧算盘，让每一笔优惠都精准落地。你的任务是使用 Python 编程帮助“Shopping 派”实现自动计算。

第一关 新星启航

购物派对期间，“智慧便利店”全场商品均有八折优惠。“Shopping 派”被赋予了一个重要任务：询问顾客购买商品的名称、单价和数量，自动计算折后价格。你该如何帮助“Shopping 派”实现这一功能呢？

算法导航

“Shopping 派”需要准确计算商品折后价格，其步骤如下：

1. 获取商品信息：使用“input( )”函数向顾客询问购买的商品名称、单价和数量。

2. 计算折后价格：设定全场商品统一的八折优惠规则，根据用户输入的商品单价和数量计算出原价和折后价格。

3. 输出计算结果：使用“print( )”函数将计算出的折后价格输出给顾客，告知他们购买商品所需支付的金额。

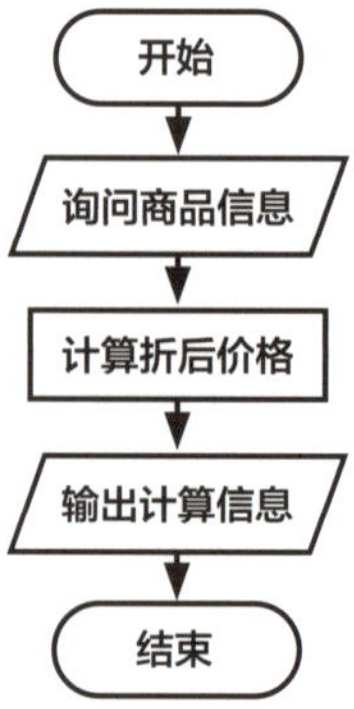

图 2-5 计算优惠价格思路

知识宝藏

（一）算术运算符

在 Python 中，算术运算符、关系运算符、赋值运算符和逻辑运算符有着不同的功能，各司其职，辅助我们进行计算。算术运算符是在计算机程序中执行基本数学运算的特殊符号。这些符号允许我们进行加法、减法、乘法、除法和取余等数学运算。假设变量 a 的值为 21，b 的值为 10，则：

表 2-2 算术运算符

运算符	描述	实例
+	加法运算，将运算符两边的操作数增加	a+b=31
-	减法运算，将运算符左边的操作数减去右边的操作数	a-b=11
*	乘法运算，将运算符两边的操作数相乘	a*b=210
/	除法运算，用右操作数除左操作数	a/b=2.1
%	模运算，用右操作数除数左操作数并返回余数	a%b=1
**	对运算符进行指数（幂）计算	a**b 表示 10 的 21 次方
//	取整除法，其结果是删除小数点后的商数。但如果其中一个操作数为负数，则结果将被保留，即从零（向负无穷大）舍去	9//2 = 4 9.0//2.0= 4.0

（二）关系运算符

关系运算符是用于比较两个值之间关系的符号，它会返回一个布尔值（True 或 False），表示比较的结果是否成立。假设变量 a 的值为 10，变量 b 的值为 21，则：

表 2-3 关系运算符

运算符	描述	实例
==	如果两个操作数的值相等，则条件为真	（a == b）求值结果为 false
!=	如果两个操作数的值不相等，则条件为真	(a != b) 求值结果为 true
>	如果左操作数的值大于右操作数的值，则条件为真	(a > b）求值结果为 false
<	如果左操作数的值小于右操作数的值，则条件为真	(a < b）求值结果为 true
>=	如果左操作数的值大于或等于右操作数的值，则条件为真	(a >= b) 求值结果为 false
<=	如果左操作数的值小于或等于右操作数的值，则条件为真	(a <= b) 求值结果为 true

（三）赋值运算符

赋值运算符是编程中用来给变量赋值的符号。它们允许我们将一个值赋给一个变量，从而在程序中存储和操作数据。假设变量 a 的值为 10，变量 b 的值为 20，则：

表 2-4　赋值运算符

运算符	描述	实例
=	简单的赋值运算符	c = a + b 将 a + b 的运算结果赋值为 c
+=	加法赋值运算符	c += a 等效于 c = c + a
-=	减法赋值运算符	c -= a 等效于 c = c - a
*=	乘法赋值运算符	c *= a 等效于 c = c * a
/=	除法赋值运算符	c /= a 等效于 c = c / a
%=	取模赋值运算符	c %= a 等效于 c = c % a
**=	幂赋值运算符	c **= a 等效于 c = c ** a
//=	取整除赋值运算符	c //= a 等效于 c = c // a

（四）逻辑运算符

逻辑运算符是计算机编程中的条件组合工具，它们允许我们对条件进行逻辑性组合，并根据这些条件的真假来做出不同的决策。它们是程序中的逻辑判断工具，能够帮助我们根据不同情况进行不同的操作。

表 2-5　逻辑运算符

运算符	逻辑表达式	描述	实例
and（与）	a and b	只有当两个条件都为真时，整个表达式才为真	如果 x = 7，那么 x > 5 and x < 10 就是 true，因为 7 既大于 5 又小于 10
or（或）	a or b	只要两个条件中有一个为真，整个表达式就为真。只有在两个条件都为假时，整个表达式才为假	如果 y = 8，那么 y == 3 or y == 8 就是 true，因为 y 等于 8
not（非）	not a	用于取反一个条件，如果原始条件为真，则取反后为假；如果原始条件为假，则取反后为真	如果 z = 3，那么 not (z == 5) 就是 true，因为 z 确实不等于 5

（五）表达式

表达式是将数据（如常量、变量、函数等）用运算符按照一定的规则连接起来的式子。如 10+x，(x+y)*3 等都是表达式。表达式书写注意事项如下：

A．使用合法的数字和变量： 表达式中可以包含数字（如 1，2，3 等）和变量（如 x，y，z 等），它们是表达式的基本元素。

B．运算符的运用： 使用运算符（如 +，-，*，/ 等）来连接数字、变量和实现运算。例如：3 + x，y * 5 等都是合法的表达式。

C．遵循运算符的优先级： 在复杂的表达式中，乘法和除法通常优先于加法和减法。比如，在表达式 3 + 5 * 2 中，乘法会先于加法进行计算。如果要改变计算的顺序，可以使用括号改变优先级。

D．使用括号： 括号在表达式中可以改变运算符的结合顺序，也可以用于强调优先级。例如，（3 + 5）* 2 会先计算括号内的加法，然后乘以 2。

E．避免语法错误： 表达式的书写需要避免语法错误，比如不要缺少运算符、不要错放数字和变量，要遵循编程语言的语法规则。

编程实现

"Shopping 派"计算商品折后价格代码如下：

```
# 获取商品信息
item_name = input("请输入商品名称：")
item_price = float(input("请输入商品单价（元）：")) # 转换为浮点数类型
item_quantity = int(input("请输入购买数量："))

# 计算折后价格
total_price = item_price * item_quantity  # 计算原价
discounted_price = total_price * 0.8  # 计算折后价格（八折优惠）

# 输出计算结果
print(f"商品名称：{item_name}")
print(f"原价：{total_price:.2f} 元")
print(f"折后价格（八折优惠）：{discounted_price:.2f} 元")
```

运行调试

单击“运行”按钮，并依次输入商品名称、商品单价以及商品数量。

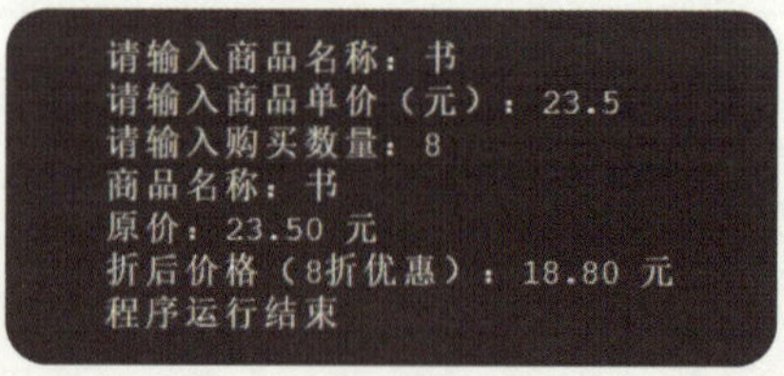

图 2-6　商品八折优惠价格代码运行结果示例

神秘拓展

在编写上述代码时，我们需要注意以下问题：

A. **输入信息的准确性：**确保输入的商品单价和购买数量是正确的数字，否则会导致计算错误。输入时应该仔细检查输入的内容是否符合要求，比如商品单价应该是数字，购买数量应该是整数。

B. **数据类型的转换：**在输入商品单价时，需要将输入的字符串转换为浮点数类型（float），输入购买数量时需要转换为整数类型（int）。应确保转换时输入的内容是数字，否则会出现错误。

第二关　击破万难

“智慧便利店”为每一位消费超过 300 元的顾客准备了一个半径不大于 5 厘米的球形文创礼物，现在需要为礼品定制球形礼物盒。请你为“Shopping 派”设计自动计算礼物盒体积的程序代码。

算法导航

“Shopping 派”需要准确计算礼物盒的体积，其步骤如图 2-7 所示：

1. 定义礼物盒的半径 r。

2. 计算礼物盒的体积 V：$V=\frac{4}{3}*3.14*r^3$ 。

3. 输出计算结果：使用“print( )”函数输出礼物盒最小体积。

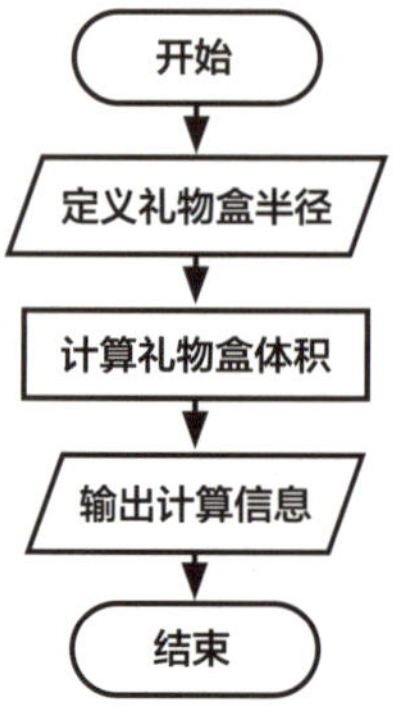

图 2-7　计算礼物盒体积思路

编程实现

“Shopping 派”计算礼物盒体积的代码如下：

```
r = 5
V1 = 4/3*3.14*r*r*r
V2 = 4/3*3.14*r**3
print("V1=", V1, "V2=", V2)
```

运行调试

“Shopping 派”计算礼物盒体积的代码运行结果如下：

```
控制台

V1= 523.3333333333334 V2= 523.3333333333334
程序运行结束
```

图 2-8　计算礼物盒代码运行结果示例

第三关　巅峰对决

怎样实现从键盘输入任意的半径数值来计算礼物盒的体积呢？小湾同学使用键盘输入语句来接收半径的值，运行程序时出现了下面的错误提示（如图 2-9 所示）。请你输入该程序，并尝试找出错误的原因。

```
r =input("请输入球体的半径")
V = 4/3*3.14*r*r*r
print("半径为", r, "的圆的体积是", V)
```

图 2-9　错误代码突出显示

编程实现

input( ) 函数获取的值是一个字符串，而不是数字。试图直接将这个字符串与浮点数相乘时，会导致 TypeError。

下面是正确的代码，使用 float( ) 函数将输入的字符串转换为浮点数，然后进行体积计算：

```
# 获取用户输入的半径值，并将其转换为浮点数
r = float(input("请输入礼物盒的半径："))

# 计算礼物盒的体积，假设礼物盒是一个球形盒子
v = (4/3) * r * r * r

# 打印礼物盒的体积
print(f"礼物盒的体积为：{v:.2f}")
```

运行调试

代码运行示例如图 2–10 所示。

```
请输入礼物盒的半径：5
礼物盒的体积为：166.67
程序运行结束
```

图 2–10　计算礼物盒体积代码运行结果示例

第三章 解读运动中的数据科学

背景探索

生命在于运动，运动过程中的数据蕴藏着丰富的信息。无论是运动强度预警还是身体指数评估，分支语句将助你揭示数据背后的故事，开启运动科学的神奇旅程。

核心问题

1. 如何表示判断条件？
2. 如何利用程序实现条件判断和分支执行？

技能导航

1. 了解程序中条件表达式（关系和逻辑表达式）的表示方法。
2. 掌握分支语句的三种格式（单选、二选一和多选一）。
3. 体会分支语句在生活和程序中的应用。

一、运动强度大考验

编程任务

合理的运动强度评估在体育锻炼和训练中有助于确保运动安全、优化运动效果、监控运动进展和及时调整运动计划。“工欲善其事，必先利其器”，快来打造属于你的“智能运动助手”吧！

第一关　新星启航

18 岁以下的青少年和儿童的身体尚在发育阶段，心率和运动反应与成年人相比有显著不同，需要专业的运动指导，避免过度运动对身体产生负面影响。所以，我们首先需要判断用户是否成年，是否适用本款“智能运动助手”。请你为“智能运动助手”设置对应功能吧！

算法导航

为了实现“智能运动助手”的年龄判断功能，算法步骤如下：

1. 输入用户年龄：提示用户输入其年龄。
2. 年龄判断：判断用户输入的年龄是否小于 18 岁。
3. 显示结果：根据年龄判断结果，显示“适用”或“不适用”的提示消息。

知识宝藏

单分支语句

在生活中，我们经常会对一些事物进行判断和选择，比如在回家路上的十字路口，会选择正确的道路继续前行；过马路的时候如果遇到红灯会停下来等待。在 Python 程序中，同样具有条件判断，我们也可以对程序进行判断并执行相应的指令。分支语句（if 条件语句）提供了一种控制机制，使得程序具有了“判断能力”，能够像人类的大脑一样分析问题。if 条件语句主要包括单分支语句、双分支语句和多分支语句。

Python 程序中单分支 if 语句的格式及其流程图如图 3-1 和图 3-2 所示。如果〈条件表达式〉为 Ture，则执行〈语句块〉，然后继续往下执行；如果〈条件表达式〉为 False，则不执行〈语句块〉，继续往下执行。单分支 if 语句的执行命令〈语句块〉以缩进为标志。通常在编写程序时，可以按键盘上的 Tab 键实现语句的缩进。

```
if < 条件表达式 >:
    < 语句块 >
```

图 3-1　单分支语句格式

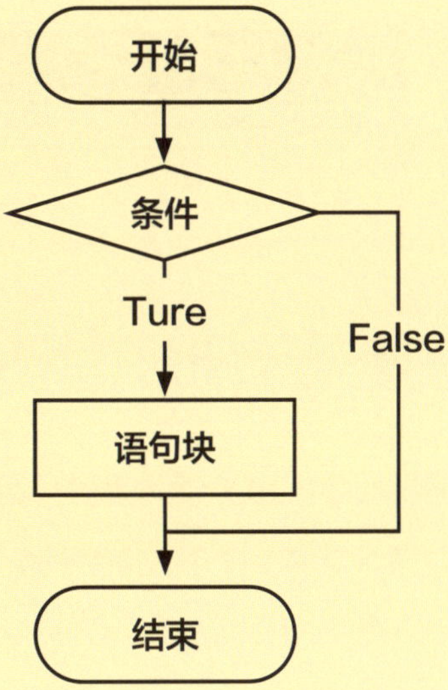

图 3-2　单分支语句流程图

编程实现

实现“智能运动助手”年龄判断功能的代码如下：

```
# 提示用户输入年龄
age = int(input(" 请输入你的年龄："))
# 判断年龄是否适用智能运动助手
if age < 18:
    print(" 抱歉，18 岁以下的用户需要专业的运动指导，不适用本款智能运动助手。")
```

运行调试

执行程序时，分别输入 16 岁和 23 岁对应未成年和成年两个不同的条件，执行程序的结果如图 3-3 和图 3-4 所示。

```
请输入你的年龄：16
抱歉，18岁以下的用户需要专业的运动指导，不适用本款智能运动助手。
程序运行结束
```

图 3-3　输入“16 岁”执行结果

```
请输入你的年龄：23
程序运行结束
```

图 3-4　输入“23 岁”执行结果

第二关　击破万难

65 岁以上老年人的心血管系统和整体身体素质可能有所下降，运动强度的评估和建议需要更为谨慎，通常需要个性化的指导和医生的建议，以减少运动风险。湾仔同学希望“智能运动助手”的年龄判断功能模块可以更加科学、全面，请你帮帮他吧！

算法导航

为了进一步完善“智能运动助手”的年龄判断，算法步骤如下：

1. 输入用户年龄：提示用户输入其年龄。

2. 年龄判断：判断用户输入的年龄是否小于 18 岁。如果年龄小于 18 岁，显示“不适用”提示信息。如果年龄在 18 岁到 65 岁之间，继续下一步。如果年龄大于 65 岁，显示“不适用”提示信息。

3. 显示结果：根据年龄判断结果，显示“适用”或“不适用”的提示消息。

知识宝藏

双分支语句

Python 程序中双分支 if 语句的格式及其流程图如图 3-5 和图 3-6 所示。如果〈条件表达式〉为 True，则执行〈语句块 1〉，然后继续往下执行；如果〈条件表达式〉

为 False，则执行〈语句块 2〉，然后继续往下执行。双分支 if 语句的执行命令〈语句块 1〉和〈语句块 2〉以缩进为标志。

```
if < 条件表达式 >:
    < 语句块 1 >
else:
    < 语句块 2 >
```

图 3-5　双分支语句格式

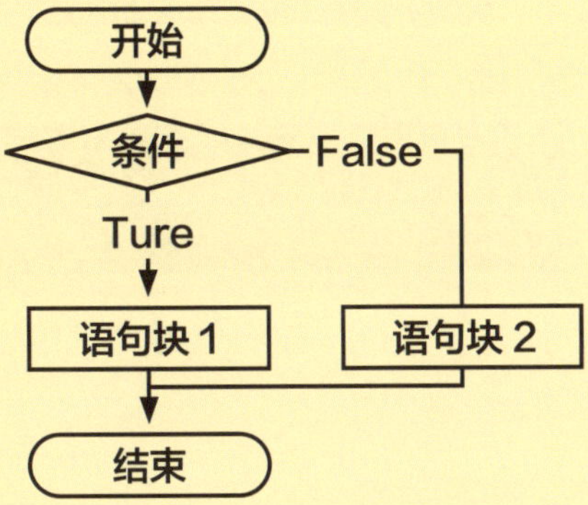

图 3-6　双分支语句流程图

编程实现

优化“智能运动助手”年龄判断功能的代码如下：

```
# 提示用户输入年龄
age=int(input(" 请输入你的年龄： "))
# 判断年龄是否适用智能运动助手
if 18<age<65:
    print(" 欢迎使用智能运动助手 !")
else:
    print(" 抱歉，您需要个性化的运动指导，不适用本款智能运动助手。")
```

运行调试

分别输入 16 岁、23 岁和 68 岁，执行程序的结果如图 3–7、图 3–8 和图 3–9 所示。

```
请输入你的年龄： 16
抱歉，您需要个性化的运动指导，不适用本款智能运动助手。
程序运行结束
```

图 3–7　输入“16 岁”执行结果

```
请输入你的年龄：23
欢迎使用智能运动助手！
程序运行结束
```

图 3-8　输入“23 岁”执行结果

```
请输入你的年龄：68
抱歉，您需要个性化的运动指导，不适用本款智能运动助手。
程序运行结束
```

图 3-9　输入“68 岁”执行结果

第三关　巅峰对决

生命在于运动，确保运动强度适度至关重要。医生提供了一种简便的方法：在运动结束后计数 15 秒的脉搏，并将结果乘以 4，即可得出运动心率。判断运动量是否适宜，可通过检查运动心率是否处于最适宜的范围内来进行。请你为“智能运动助手”设计“运动强度评估”功能吧！

算法导航

“智能运动助手”需要实现运动强度判断功能，其步骤如下：

1. 获取用户信息：使用 input( ) 函数获取用户的年龄和运动后 15 秒的脉搏数据。

2. 计算运动心率：根据公式“运动心率 = 脉搏数据 *4”，推测运动心率。

3. 计算适宜运动心率范围：根据公式“最高运动心率 =（220– 年龄）*80%”“最低运动心率 =（220– 年龄）*60%”，推测适宜运动心率范围。

4. 判断运动强度是否合适。

5. 输出判断结果。

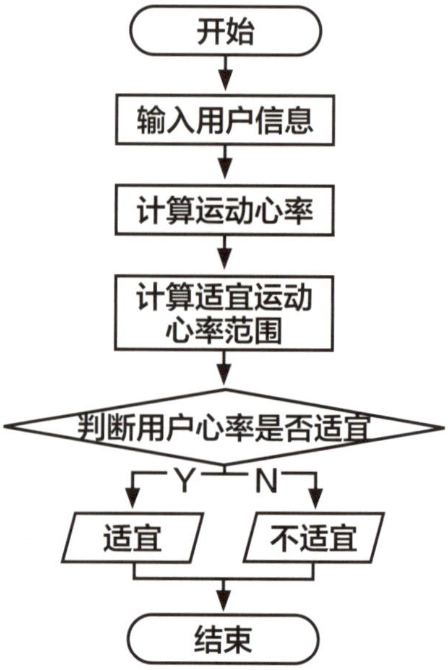

图 3-10　运动强度评估思路

编程实现

评估用户的运动强度是否适宜，代码如下：

```
# 获取用户信息
age = int(input(" 请输入您的年龄： "))
pulse_data = int(input(" 请输入运动后 15 秒的脉搏数据： "))
# 计算运动心率
exercise_hr = pulse_data * 4
# 计算适宜运动心率范围
max_hr = (220 - age) * 0.8
min_hr = (220 - age) * 0.6
# 判断运动强度是否合适
if min_hr <= exercise_hr <= max_hr:
    print(" 您的运动强度适宜！ ")
else:
    print(" 您的运动强度可能不太合适，请注意调整。")
```

运行调试

单击“运行”按钮，并依次输入年龄（23 岁）和运动 15 秒后的脉搏（36）数据，运行结果如图 3-11 所示。

```
请输入您的年龄：23
请输入运动后15秒的脉搏数据：36
您的运动强度适宜！
程序运行结束
```

图 3-11　运动强度评估代码执行结果

神秘拓展

编写分支语句的过程中，你需要注意以下几点：

A．**逻辑准确性**：确保条件表达式能够准确地判断预期的情况。检查条件语句是否符合预期的逻辑，并能否正确地区分不同情况。

B．**条件边界**：确保考虑到了各种可能的情况，包括边界条件，如等于、大于、小于等情况都需要考虑到，并考虑到不同情况的覆盖。

C．**代码格式规范**：缩进要正确，代码要有良好的可读性。保持一致的缩进风格以及清晰明了的代码结构，能提高代码的可维护性。

D．**多条件判断**：如果有多个条件需要判断，要考虑使用“and”“or”等逻辑运算符将多个条件组合起来，确保逻辑表达清晰且正确。

二、BMI 大揭秘

编程任务

身体质量指数 BMI 是衡量人体肥胖程度和是否健康的重要标准。如果“智能运动助手”能够在用户输入体重和身高后，自动判断用户的胖瘦程度并提供建议，那该多棒！你能帮助“智能运动助手”实现这一功能吗？

表 3-1 BMI 值参考标准

BMI 分类	中国参考标准	相关疾病发病的危险性
偏瘦	BMI <18.5	低（但其他疾病危险性增加）
正常	18.5 ≤ BMI<24	正常水平
偏胖	24 ≤ BMI<28	增加
肥胖	28 ≤ BMI<30	中度增加
重度肥胖	BMI ≥ 30	大幅增加

第一关 新星启航

请为你的“智能运动助手”编写一个 BMI 指数计算器吧！通过 BMI 指数计算器，你不仅能知道自己的 BMI 值，还能获得专属的健康小贴士。准备好了吗？让我们一起揭开 BMI 的神秘面纱，看看你的健康状况如何吧！

算法导航

BMI 指数计算器功能实现步骤如图 3–12 所示。

1. 获取用户信息：使用 input( ) 函数获取用户的体重和身高信息。
2. 计算 BMI 值：使用用户输入的体重和身高数据计算 BMI 值。
3. 判断 BMI 值范围：根据 BMI 值判断用户的身体状况。
4. 输出建议：根据 BMI 范围输出健康提示。

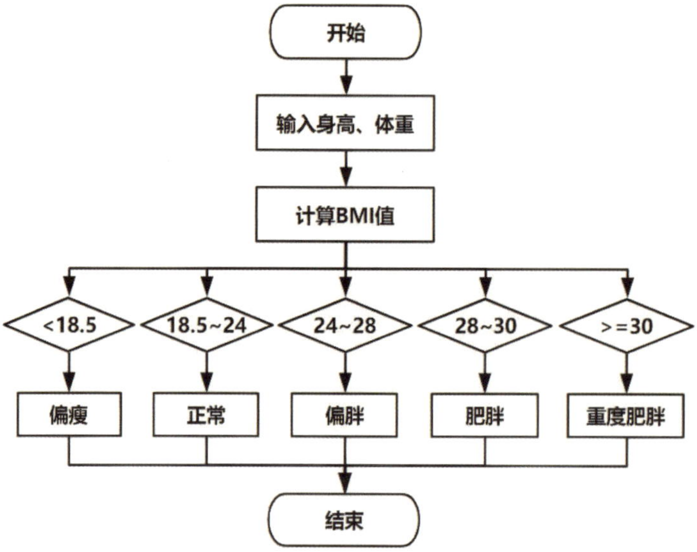

图 3-12　BMI 指数计算器思路

知识宝藏

多分支结构

当条件判断的分支超过两个时，可以采用多分支语句 if...elif...else...语句。Python 编程中的多分支语句格式及流程图如图 3-13 和图 3-14 所示。在多分支语句中，从 if 行开始依次对条件进行判断，如果满足条件则执行该条件下面的〈语块〉，如果不满足，则继续检查下一个条件，直到找到满足条件的分支或者到达 else 分支。

```
if < 条件表达式 1>:
    < 语句块 1 >
elif < 条件表达式 2>:
    < 语句块 2 >
elif < 条件表达式 3>:
    < 语句块 3 >
......
    < 语句块 n >
```

图 3-13　多分支语句格式

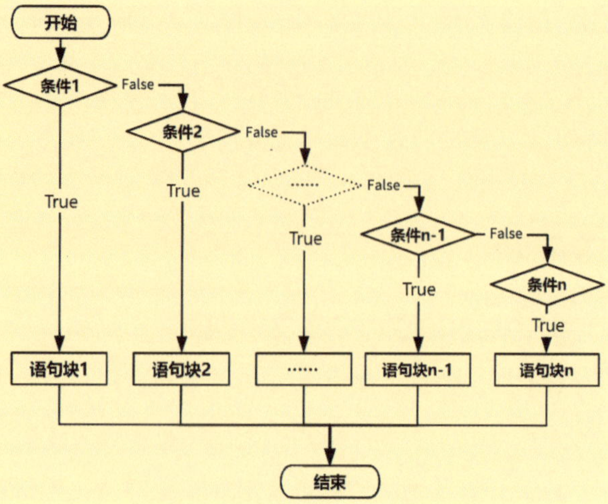

图 3-14　多分支语句流程图

编程实现

“智能运动助手”实现自动评估 BMI 值的代码如下：

```
# 获取用户信息输入
height = float(input(" 请输入您的身高（米）：")) 
weight = float(input(" 请输入您的体重（千克）：")) 
# 计算 BMI
BMI = weight/(height ** 2)
# 判断健康状态
if BMI < 18.5:
    print(" 您的 BMI 是 {:.2f}，属于偏瘦范围，请注意增加营养。".format(BMI))
elif 18.5 <= BMI < 24:
    print(" 您的 BMI 是 {:.2f}，属于正常范围，身体状态很健康！ ".format(BMI))
elif 24 <= BMI < 28:
    print(" 您的 BMI 是 {:.2f}，属于偏胖范围，请注意控制饮食，加强锻炼 ".format(BMI))
elif 28 <= BMI < 30:
    print(" 您的 BMI 是 {:.2f}，属于肥胖范围，请注意调整生活方式。".format(BMI))
elseBMI>= 30:
    print(" 您的 BMI 是 {:.2f}，属于重度肥胖范围，请尽快寻求医疗指导。".format(BMI))
```

运行调试

依次输入身高（1.59 米）和体重信息（55.4 千克），运行结果如图 3-15 所示。

```
请输入您的身高（米）：1.59
请输入您的体重（千克）：55.4
您的BMI是 21.91，属于正常范围，身体状态很健康！
程序运行结束
```

图 3-15　BMI 指数计算器 V1.0 代码运行结果

第二关　击破万难

湾仔同学向你发来求助信息："如果我希望 BMI 指数计算器能够根据 BMI 值和用户的性别给出更详细的健康提示，应该如何优化代码呢？"你可以帮帮他吗？

算法导航

BMI 指数计算器功能实现步骤如下：

1. **获取用户信息：**使用 input( ) 函数获取用户的性别、体重和身高信息。
2. **计算 BMI 值：**BMI= 体重 (kg) / 身高 (m^2)。
3. **判断 BMI 值范围：**根据 BMI 值和性别，使用多分支语句给出健康提示。

编程实现

```
# 获取用户信息
gender = input(" 请输入您的性别（男 / 女）：")
weight = float(input(" 请输入您的体重（千克）："))
height = float(input(" 请输入您的身高（米）："))
# 计算 BMI 值
BMI = weight/(height ** 2)
# 输出 BMI 值
print(" 您的 BMI 值是 {:.2f}".format(BMI))
# 判断 BMI 值范围并给出健康提示
if gender == " 男 ":
    if BMI < 18.5:
        print(" 偏瘦，需要增加营养和进行力量训练，以增强体质。")
    elif 18.5 <= BMI < 24:
        print(" 正常，继续保持均衡饮食和适量锻炼，维持健康体态。")
    elif 24 <= BMI < 28:
        print(" 偏胖，建议注意饮食控制，并增加有氧运动。")
    elif 28 <= BMI< 30:
```

```
        print(" 肥胖，建议咨询医生制订减肥计划，并加强运动。")
    else:
        BMI >= 30
        print(" 重度肥胖，建议立即咨询医生，并制订详细的减肥和运动计划。")
elif gender == " 女 ":
    if BMI < 18.5:
        print(" 偏瘦，需要增加营养，多吃高蛋白食物并适当锻炼。")
    elif 18.5 <= BMI< 24:
        print(" 正常，保持健康的饮食习惯和适当的运动，维持体型。")
    elif 24 <= BMI< 28:
        print(" 偏胖，建议控制饮食热量摄入，并增加有氧运动。")
    elif 28 <= BMI < 30:
        print(" 肥胖，建议咨询医生，制订合理的减肥计划和运动方案。")
    else:
        BMI >= 30
        print(" 重度肥胖，建议立即咨询医生，制订详细的减肥和运动计划。")
else:
    print(" 性别输入有误，请输入“男”或“女”。")
```

运行调试

依次输入性别（男）体重（60 千克）和身高（1.83 米）信息，BMI 指数计算器 V2.0 程序代码运行结果如图 3-16 所示。

```
请输入您的性别（男/女）：男
请输入您的体重（千克）：60
请输入您的身高（米）：1.83
您的BMI是 17.92
偏瘦，需要增加营养和进行力量训练，以增强体质。
程序运行结束
```

图 3-16 BMI 指数计算器 V2.0 程序代码运行结果

第三关　巅峰对决

你还能进一步优化 BMI 计算器，使它能根据 BMI 值、性别和年龄段给出个性化的生活建议吗？

编程实现

BMI 计算器 V2.0 程序代码示例如下所示：

```
# 获取用户信息
gender = input(" 请输入您的性别（男 / 女）：")
age = int(input(" 请输入您的年龄："))
weight = f loat(input(" 请输入您的体重（千克）："))
height = f loat(input(" 请输入您的身高（米）："))
# 计算 BMI 值
BMI = weight / (height ** 2)
# 判断 BMI 范围并给出健康提示
def get_health_advice(BMI, gender, age):
    if gender == " 男 ":
        if age < 18:
            if BMI < 18.5:
                return " 偏瘦，多吃营养丰富的食物，多做运动，增强体质。"
            elif 18.5 <= BMI < 24
                return " 正常，保持均衡饮食和规律锻炼，继续保持！ "
            elif 24 <= BMI < 28:
                return " 偏胖，减少高热量食物的摄入，增加体育活动。"
            elif 28 <= BMI< 30:
                return " 肥胖，建议减少甜食和油腻食物，多做有氧运动。"
            else:
                return " 重度肥胖，建议咨询医生，制订科学的减肥计划。"
        else:
            if BMI < 18.5:
                return " 偏瘦，增加高蛋白和高热量食物摄入，适当锻炼。"
```

```
        elif 18.5 <= BMI < 24:
            return "正常，保持健康饮食和定期运动，继续保持！"
        elif 24 <= BMI < 28:
            return "偏胖，减少高脂肪和高糖食物，增加运动量。"
        elif 28 <= BMI < 30:
            return "肥胖，建议严格控制饮食，增加有氧运动。"
        else:
            return "重度肥胖，建议立即咨询医生，制订综合健康计划。"
elif gender == "女":
    if age < 18:
        if BMI < 18.5:
            return "偏瘦，多吃健康食物，适当锻炼，保持充足睡眠。"
        elif 18.5 <= BMI < 24:
            return "正常，保持均衡饮食和适度运动，继续保持！"
        elif 24 <= BMI < 28:
            return "偏胖，减少零食和甜饮料，多做体育锻炼。"
        elif 28 <= BMI < 30:
            return "肥胖，建议控制饮食，多做有氧运动，保持健康。"
        else:
            return "重度肥胖，建议咨询医生，制订健康管理计划。"
    else:
        if BMI < 18.5:
            return "偏瘦，多吃营养丰富的食物，保持适量运动。"
        elif 18.5 <= BMI < 24:
            return "正常，保持健康的饮食习惯和规律的运动。"
        elif 24 <= BMI < 28:
            return "偏胖，减少高热量食物，增加锻炼时间。"
        elif 28 <= BMI < 30:
            return "肥胖，建议控制饮食，多做有氧运动，保持健康。"
        else:
            return "重度肥胖，建议咨询医生，制订全面的健康计划。"
```

```
    else:
        return "信息输入有误，请重新输入！ "
# 打印 BMI 值和个性化的健康提示
print(f"您的 BMI 值为：{bmi:.2f}")
advice = get_health_advice(bmi, gender, age)
print(advice)
```

运行调试

BMI 计算器 V2.0 程序代码运行结果示例如图 3–17 所示。

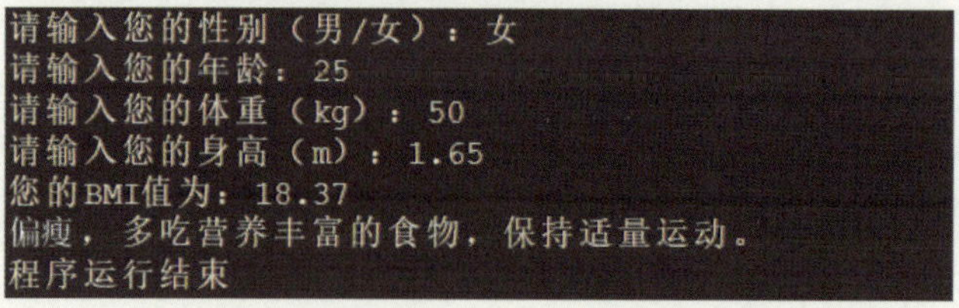

图 3-17　BMI 计算器 V2.0 程序代码运行结果

第四章
循环文学乐园的奥秘

背景探索

你是否想过，通过编写程序来解锁文学的无限可能？本章你将学习如何使用循环语句来创建有趣的文学作品和游戏。在“成语大闯关”中，体验成语的语言魅力；在“飞花绽芳华”中，感受编程与文学碰撞的无穷乐趣。你准备好踏上一段充满奇趣的循环之旅了吗？

核心问题

1. 如何列出多项数据项？
2. 如何在程序中描述重复执行的操作？
3. 当循环次数确定时，如何控制循环次数？

技能导航

1. 了解 while 循环语句的一般格式和执行流程。
2. 了解 for 循环语句的一般格式和执行流程。
3. 通过编写“成语大闯关”系列程序，应用 while 循环语句解决实际问题。
4. 通过编写“飞花令”程序，理解“遍历”的概念，应用 for 循环语句解决实际问题。

一、成语大闯关

编程任务

设想你是一名游戏设计师，负责设计一个“成语大闯关”游戏，引导初中生在游戏中体验成语的语言魅力，增强对中华文化的认同感和自豪感。你决定使用 Python 开发“成语配对”“成语接龙”“成语故事创作”等游戏模块，“成语配对”游戏强化玩家对成语的理解和记忆；“成语接龙”游戏考验玩家的成语储备量，锻炼快速反应能力；“成语故事创作”游戏激发玩家的创造力和想象力。让我们一起踏上这段充满挑战和乐趣的成语编程之旅吧！

第一关　新星启航

“成语配对”游戏：玩家输入序号获取成语解释后，输入匹配的成语。程序判断其输入是否正确，正确匹配则获得奖励，输入错误或无效序号即退出游戏。快来体验编程与成语的智慧碰撞吧！

算法导航

“成语配对”游戏模块实现算法步骤如下：

1. 创建成语和成语解释列表：准备两个列表，一个包含所有的成语，另一个包含对应的成语解释。

2. 用户输入序号：提示玩家输入成语序号。

3. 验证输入：检查玩家输入的序号是否有效。如果序号有效，继续下一步；如果序号无效，则程序退出。

4. 显示成语解释：根据玩家输入的序号，显示对应的成语解释。

5. 用户输入成语：提示玩家输入对应的成语。

6. 判断用户输入：判断玩家输入的成语是否正确。如果正确，显示“回答正确”；如果错误，则显示正确答案。

知识宝藏

（一）创建列表

列表是一种可以存储数字、字符串等多种类型有序数据的数据结构。所有数据需用一组中括号括起来，每个数据之间用逗号隔开。列表为每个元素都设立了一个索引号（序号），第一个序号为 0。

列表的一般格式为：〈列表名〉=[〈元素 1〉，〈元素 2〉，…]。

例如，name=[“小赵”，“小钱”，“小孙”，“小李”]，如图 4-1 所示。

图 4-1　列表示意

（二）操作列表

常见的列表操作或命令如表 4-1 所示。

表 4-1　赋值运算符

操作或命令	功能	举例
print（列表名）	输出列表中所有元素	print (name)
print（列表名 [n])	输出列表中序号为 n 的元素	print (name[1])
len(列表名）	列表中元素的数量	len (name)
del 列表名 [n]	删除列表中序号为 n 的元素	del (name[1])

编程实现

“成语配对”游戏实现代码如下所示。

```
# 创建成语和解释的列表
idioms = [" 画龙点睛 "," 井底之蛙 "," 百发百中 "," 狼狈为奸 "," 狐假虎威 "]
explanations = [" 在关键时刻加上一笔，使内容更加生动 ",
                " 目光狭隘，见识少 ",
                " 每次射箭都能命中目标，比喻做事有很高的成功率 ",
```

```
              " 两个人或几个坏人勾结在一起做坏事 ",
              " 借别人的势力来欺压人 "
              ]
print(" 欢迎进入“成语配对”游戏！输入“退出”停止游戏。")
# 提示用户输入序号
user_input = input(" 请输入一个序号（1 到 5 之间）：")
# 检查用户是否输入“退出”
if user_input == " 退出 ":
    print(" 游戏结束，感谢参与！ ")
# 检查输入是否为有效的序号
if user_input.isdigit():
    index = int(user_input) - 1
    if 0 <= index < len(idioms):
        chosen_idiom = idioms[index]
        correct_explanation = explanations[index]
        # 提示用户输入对应的成语
        print(f " 解释：{correct_explanation}")
        user_idiom_input = input(" 请输入对应的成语：")
        # 使用 if 语句判断用户输入是否正确
        if user_idiom_input == chosen_idiom:
            print(" 恭喜你，回答正确！ ")
        else:
            print(f" 很遗憾，回答错误。正确答案是：{chosen_idiom}")
    else:
        print(" 无效的序号，程序退出。")
else:
    print(" 无效的输入，程序退出。")
```

术语解密

检查输入是否为数字：user_input.isdigit( ) 是一个字符串方法，用于检查字符串是否只包含数字字符（0—9）。如果 user_input 中的所有字符都是数字字符，这个方法返回 True；否则返回 False。

运行调试

“成语配对”游戏代码运行页面如图 4-2 所示。

```
欢迎进入成语配对游戏！输入'退出'停止游戏。
请输入一个序号（1到5之间）：2
解释：目光狭隘，见识少
请输入对应的成语：井底之蛙
恭喜你，回答正确！
程序运行结束
```

图 4-2　“成语配对”游戏代码运行页面

第二关　击破万难

“成语接龙”模块：游戏随机呈现一个成语，玩家需要接出一个以这个成语最后一个字开头的成语。如：初始成语是“百发百中”，玩家可以接“中规中矩”。若回答正确，玩家获得奖励并继续游戏；若回答错误，则游戏结束。

知识宝藏

（一）循环结构

在程序编码过程中，有些部分是可以重复执行的，这种重复执行的结构我们称之为“循环结构”。循环结构是编程中的一种控制结构，它允许程序多次执行特定的<语句块>，直到满足某个条件为止。在编程中，循环结构可以用于重复执行任务，例如遍历列表、运用数学公式进行计算等。通过使用循环结构，我们可以减少代码量并提高程序的效率。在 Python 中，常见的循环结构包括 for 循环和 while 循环。

（二）while 循环

Python 编程中，while 循环是一种基本循环模式，即在某个条件成立的情况下，循环执行某段程序（循环体），语句格式和流程图如图 4-3 和图 4-4 所示。当条件满足时，进入循环；当条件不满足时，则跳出循环。

```
while < 条件表达式 >:
    < 循环体 >
```

图 4-3　while 循环语句格式

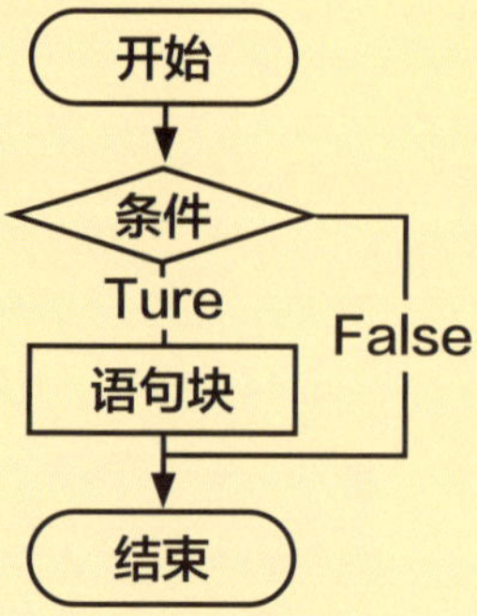

图 4-4　while 循环语句流程图

如果我们需要程序无限循环，则可以将 while 后面的条件直接写成“True” 或其他结果永远为“True”的表达式。例如：

```
while True
while 1>0
while 1==1
```

编程实现

“成语接龙”游戏编程示例如下：

```
def idiom_game( ):
    # 初始化成语列表
    idioms = [" 画龙点睛 "," 井底之蛙 "," 百发百中 "," 狼狈为奸 "," 狐假虎威 "," 顺手牵羊 "," 羊入虎口 "," 口若悬河 "]
    # 介绍游戏规则
    print(" 欢迎来到“成语接龙”大挑战！ ")
    print(" 规则：我们给你一个成语，你需要接出一个以这个成语最后一个字开头的成语。")
```

```
    print("例如：如果成语是“百发百中”，你可以接“中规中矩”。")
    print("答对继续，答错游戏结束。准备好了吗？开始吧！")
    # 随机选择起始成语
    import random
    current_idiom = random.choice(idioms)
    # 游戏循环
    while True:
        # 显示当前成语
        print(f"你的成语是：{current_idiom}")
        # 获取玩家输入
        user_input = input("请输入一个接龙的成语（或输入“退出”结束游戏）：")
    # 退出检查
        if user_input == "退出":
            print("游戏结束，感谢参与！")
            break
    # 检验玩家输入
        if user_input[0] == current_idiom[-1] and user_input in idioms:
            print("恭喜你，接龙成功！继续加油！")
            current_idiom = user_input # 更新当前成语为玩家输入的成语
        else:
            print("很遗憾，接龙失败。游戏结束！")
            break
    # 调用函数开始游戏
idiom_game()
```

运行调试

“成语接龙”游戏代码运行页面如图 4-5 所示。

```
欢迎来到成语接龙大挑战！
规则：我们给你一个成语，你需要接出一个以这个成语最后一个字开头的成语。
例如：如果成语是'百发百中'，你可以接'中规中矩'。
答对继续，答错游戏结束。准备好了吗？开始吧！
你的成语是：画龙点睛
请输入一个接龙的成语（或输入'退出'结束游戏）：津津有味
很遗憾，接龙失败。游戏结束！
程序运行结束
```

图 4-5　“成语接龙”游戏代码运行示例

术语解密

（一）random 函数

“random”是 Python 标准库中用于生成伪随机数的模块，提供了多种生成随机数的函数。在编写程序时，可以使用 random 模块来实现随机选择、洗牌、生成随机数等功能。主要函数和方法如表 4-2 所示。

表 4-2　赋值运算符

操作或命令	举例	说明
随机选择	random.choice(harbor)	从非空序列“harbor”中随机选择一个元素返回
随机打乱序列	random shuffle (harbor)	将序列“harbor”中的元素随机打乱顺序
生成随机数	random.randint(a, b)	返回一个范围在 [a, b] 之间的随机整数。

（二）break 语句

“break”是 Python 中用于控制循环语句执行流程的关键字，可以终止当前所在的循环（for 循环或 while 循环），并且跳出循环体，继续执行循环之后的代码。

例如：在以下 while 循环中使用 break 语句，当 i 等于 5 时，break 语句被执行，循环终止。

```
i = 0
while i < 10:
    print(i)
```

```
    i += 1
    if i == 5:
        break
```

第三关　巅峰对决

“成语故事”创作游戏：玩家根据游戏随机给出的成语，根据提示输入相关成语或词语进行拼接，创作一个有意义的故事。当故事达到预设长度或满足特定条件时，游戏结束，展示完整的成语故事。

编程实现

成语故事创作游戏代码示例如下所示。

```
import random
# 成语列表
idioms = [" 画龙点睛 ", " 井底之蛙 ", " 百发百中 ", " 狼狈为奸 ", " 狐假虎威 ", " 顺手牵羊 ", " 羊入虎口 ", " 口若悬河 "]
# 设定故事的预设长度（字符数）
story_length = 150

def idiom_story_game( ):
    story = [ ]
    current_length = 0
    print(" 欢迎来到“成语故事创作”游戏！ ")
    print(f " 游戏规则：系统将随机给出一个成语，您需要根据成语创作一个有意义的故事。当故事达到 {story_length} 个字时，游戏结束。")

    while current_length < story_length:
        current_idiom = random.choice(idioms)
        print(f "\n 当前成语：{current_idiom}")
```

```
        user_input = input(" 请创作你的故事：")

        if user_input:  # 检查用户输入是否为空
            story.append(user_input)
            current_length += len(user_input)
            print(f" 当前故事：{'，'.join(story)}")
            print(f" 当前故事长度：{current_length} 字 ")
        else:
            print(" 输入不能为空，请重新输入。")
    print("\n 故事创作完成！完整的成语故事如下：")
    print("，".join(story))
# 运行游戏
idiom_story_game()
```

运行调试

“成语故事创作”游戏代码运行结果如图 4-6 所示。

```
欢迎来到成语故事创作游戏！
游戏规则：系统将随机给出一个成语，您需要根据成语创作一个有意义的故事。当故事达到10个字时，游戏结束。

当前成语：羊入虎口
请创作你的故事：现在敌我的态势尚不明朗,你如此贸然岂不是羊入虎口？
当前故事：现在敌我的态势尚不明朗,你如此贸然岂不是羊入虎口？
当前故事长度：25 字

故事创作完成！完整的成语故事如下：
现在敌我的态势尚不明朗,你如此贸然岂不是羊入虎口？
程序运行结束
```

图 4-6 “成语故事创作”游戏代码运行结果

二、飞花绽芳华

唐诗宋词，凝聚了中国人的才情和智慧，代表着中国文化的积淀和荣耀。飞花令，是古人喝酒时用来助兴的一种文字游戏，得名于唐代诗人韩翃《寒食》中的“春城无处不飞花”，要求对令人根据发言顺序说出主题词在对应位置的诗句。例如：甲说一句第一字带有“花”的诗词，如“花自飘零水自流”；乙要接续第二字带“花”的诗句，如“落花时节又逢君”；丙可接“春江花朝秋月夜”，“花”在第三字位置上；丁接“人面桃花相映红”，“花”在第四字位置上；接着可以是“不知近水花先发”“千树万树梨花开”“霜叶红于二月花”等，到“花”在第七个字位置上时即完成一轮飞花令。让我们一起来用 Python 编写飞花令程序，让更多人体验飞花令的乐趣吧！

第一关 新星启航

设计“飞花令”程序首先需要判断对令人念的诗词是否包含主题字，请编写程序判断对令人输入的诗句是否包含飞花令主题字“月”，如果包含提示通过，不包含则提示不通过。

知识宝藏

成员运算符

Python 编程中，成员运算符用于判断某个值是否为序列中的成员，如表 4-2 所示。例如：在“飞花令”游戏，成员运算符可用于检查一个词或字是否存在于诗句的特定位置。

表 4-3 成员运算符

运算符	描述
in	如果在指定的序列中找到值则返回 True，否则返回 False
not in	如果在指定序列中找不到值则返回 True，否则返回 False
random.randint(a, b)	返回一个范围在 [a, b] 之间的随机整数

编程实现

诗词主题字判断程序如下所示。

```
line = input(" 请输入一句古诗诗句：")
if " 月 " in line:
    print(" 通过 ")
else:
    print(" 不通过 ")
```

运行调试

程序运行示例如图 4-7 所示。

```
 请输入一句古诗诗句：月落乌啼霜满天
 通过
程序运行结束
```

图 4-7　诗词主题字判断示例

第二关　击破万难

编写“飞花令”小程序，实现如下功能：飞花令主题字为“月”，对令人输入一句五言古诗诗句，程序判断主题字是否出现在对应轮次。如果出现，则飞花令挑战成功；如果诗句特定位置没有出现主题字，则飞花令结束。

算法导航

分析任务规则可知，“飞花令”小程序主要需要实现两个功能：一是判断对令人输入的诗词是否在对应位置包含主题字；二是循环多次判断，直至游戏结束。功能实现思路如下：

1. 设定主题字：对令人输入主题字。
2. 设定游戏轮次：对令人设置游戏轮次。
3. 获取诗句输入：在循环中获取对令人输入的诗句。

4. 判断主题字位置：在每次循环中检查对令人输入的诗句中主题字的位置是否与轮次对应。

5. 输出挑战结果：判断挑战是成功还是失败，并作出相应的提示。

知识宝藏

（一）for 循环

for 循环是一种在编程中重复执行 < 特定语句块 > 的结构。它用于遍历序列（比如列表、元组、字符串等）或者可迭代对象中的元素，每次循环中执行相同的操作。for 循环的次数由序列长度决定，其语句格式和流程图如图 4–8 和 4–9 所示。

```
for 循环变量 in 序列 :
    循环体
```

图 4-8　for 循环语句格式

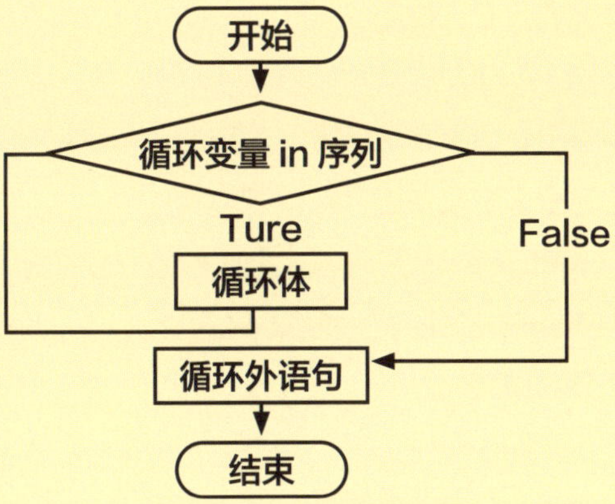

图 4-9　for 循环流程图

（二）range( ) 函数

除了我们熟悉的字符串、列表等序列类型外，Python 还能通过 range( ) 函数生成特定范围内的数字序列。range( ) 函数生成的是一个左闭右开的数字序列。当你使用 range(start, stop, step) 时，它会从 start 开始生成序列，但不包含 stop 这个值。

- start 表示计数起始值，如果不指定，默认为 0。
- stop 表示计数结束值，必须指定。
- step 是步长，如果不指定，默认为 1。（详见表 4–4）

这些特性使得 range( ) 函数成为在循环中生成特定数值范围的有用工具，例如：可以用于 for 循环中来控制迭代次数或特定数值的生成，序列中的元素有多少个，程序就循环多少次。

表 4-4　数字序列示例

数字序列	计数起始值	计数结束值	步长	包含的数字
range(1,8,2)	1	7	2	1，3，5，7
range(1,5)	1	4	1	1，2，3，4
range(4)	0	3	1	0，1，2，3

编程实现

“飞花令”程序示例如下：

```
# 询问对令人信息
name=input(" 请输入你的姓名：")
print(" 欢迎来自前海港湾学校的 {name} 同学参加飞花令！ ")
# 对令人定义主题字和诗歌体裁
word=input(" 请自定义一个主题字：")
n=int(input(" 请输入阿拉伯数字，自定义游戏轮次 "))
# 游戏循环
for i in range(n):
    print(" 请输入第 {i+1} 个字为 {word} 字的诗句：")
    line=input( )
    if line[i]==word:
        print(" 恭喜你！ 第 {i+1} 轮挑战成功！ ")
    else:
        print(" 很遗憾！ 第 {i+1} 轮挑战失败！ ")
        break
# 飞花令最终结果结算
else:
    print(" 恭喜你！ { name} 同学，飞花令挑战成功！ ")
```

运行调试

“飞花令”程序运行结果如图 4–10 所示。

```
控制台
请输入你的姓名：湾仔
欢迎来自前海港湾学校的 湾仔 同学参加飞花令！
请自定义一个主题字：花
请输入阿拉伯数字，自定义游戏轮次2
请输入第 1 个字为 花 字的诗句
花谢花飞花满天
恭喜你！第 1 轮挑战成功！
请输入第 2 个字为 花 字的诗句
不知道
很遗憾！第 2 轮挑战失败！
程序运行结束
```

图 4-10　“飞花令”程序运行示例

第三关　巅峰对决

程序试用阶段，同学们反馈只玩一轮“飞花令”不够尽兴，希望能够随机给出主题字，多玩几轮。请根据同学们的反馈，完善“飞花令”程序。

编程实现

“飞花令”V2.0 程序代码如图 4–11 所示。

```
import random
# 询问对令人信息
name = input(" 请输入你的姓名： ")
print(" 欢迎来自前海港湾学校的 {name} 同学参加飞花令！ ")
```

```
# 定义主题字列表（可以自行增加更多主题字）
theme_words = ["春","花","月","夜","风","雨","雪","山","水"]
# 设置总轮次数
total_rounds = int(input("请输入要进行的总轮数："))
# 游戏循环
for round_number in range(total_rounds):
    word = random.choice(theme_words)
    n = int(input(f"请输入第 {round_number + 1} 轮："))
    # 本轮游戏循环
    for i in range(n):
        print(f"请输入第 {i + 1} 个字为 {word} 字的诗句：")
        line = input( )

        if len(line) > i and line[i] == word:
            print(f"恭喜你！第 {i + 1} 轮挑战成功！")
        else:
            print(f"很遗憾！第 {i + 1} 轮挑战失败！")
            break
    else:
        print(f"恭喜你！{name} 同学，第 {round_number + 1} 轮挑战成功！")
        continue
    print(f"进入下一轮挑战 ...\n")
# 飞花令最终结果结算
print("游戏结束！感谢你的参与，{name} 同学！")
```

运行调试

“飞花令”V2.0 程序代码运行结果如图 4-11 所示。

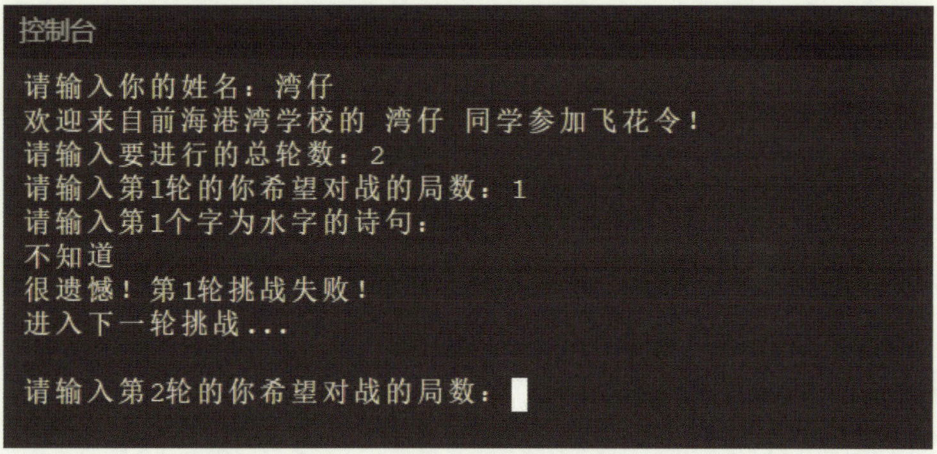

图 4-11　“飞花令”V2.0 程序代码运行结果示例

第五章
开发一个计算器

背景探索

在日常生活中，无论是在学校、办公室还是家庭中，计算器都是人们不可或缺的工具。通过编程，我们可以自定义计算器的功能，使其更加符合个人需求。Python GUI 编程允许我们将计算器从简单的命令行工具转变为具有图形用户界面的应用程序，开发出一个直观且实用的计算器，一起来看看怎么开发吧！

核心问题

1. 如何使用 Python 创建图形用户界面？
2. 如何在 GUI 中处理用户输入和事件？
3. 如何将数学运算逻辑集成到 GUI 应用程序中？

技能导航

1. 理解并应用 Python GUI 编程的基础知识。
2. 设计并实现具有基本功能的图形用户界面。
3. 处理用户输入和界面事件。
4. 将数学运算集成到 GUI 应用程序中。

编程任务

开发一个简易的计算器小程序。

它由这些模块组成：

显示屏幕、数字按钮、运算符按钮、等号按钮、清除按钮。

它还有这些功能：

加、减、乘、除运算以及错误处理（例如你输入“除以零”这样的错误操作，计算器会提示出错，而不会崩溃或者显示奇怪的数字）。

算法导航

一起看看“简易计算器”小程序是如何制作的。

1. 导入 Tkinter 库： 这是一个较全面的工具箱，我们可以用它画出图形和按钮，就像在电脑上画画一样。

2. 画一个新窗口： 回忆一下往常在电脑上打开的窗口，我们也要创建一个这样的窗口，作为计算器的主窗口。

3. 画一个显示屏： 计算器需要一个屏幕来显示数字和结果，我们可以用 String Var 和 Entry 组件来创建这个屏幕。

4. 列出所有的按钮： 计算器上有数字按钮、运算符按钮和特殊按钮（比如清除按钮），我们要把这些按钮的名字都列出来，放在一个叫 buttons 的清单里。

5. 制作按钮： 我们要写一个叫 create_button 的小秘方，告诉电脑怎么制作按钮，包括按钮上应该写什么字，按钮应该放在哪里。

6. 把按钮放在屏幕上： 我们要按照清单 buttons，一个一个地制作按钮，然后把它们放在计算器屏幕上合适的位置。

7. 让按钮“活”起来： 每个按钮都需要知道被按下时要做什么，于是我们要写一个叫 on_button_click 的小秘方，告诉电脑：

如果是清除按钮，就清空屏幕。

如果是等号按钮，就计算屏幕上的算术题，并显示出答案。

如果是其他按钮，就把它们的名字加到屏幕上。

8. 开始使用计算器：最后，我们输入 root.mainloop( )，让计算器开始工作，就可以在电脑上使用它了。

这样，“简易计算器”小程序就完成了，一起来试试吧！

编程实现

```
import tkinter as tk

root = tk.Tk( )
root.title(" 简易计算器 ")

display_var = tk.StringVar( )
display = tk.Entry(root, textvariable=display_var, justify='right', font=('Arial', 18))
display.grid(row=0, column=0, columnspan=4, padx=10, pady=10, sticky="nsew")
buttons = [
    '7', '8', '9', '/',
    '4', '5', '6', '*',
    '1', '2', '3', '-',
    'C', '0', '=', '+'
]

def create_button(text, row, col):
    button = tk.Button(root, text=text, width=9, height=3,
                       command=lambda: on_button_click(text))

    button.grid(row=row, column=col, sticky="nsew")

for index, button_text in enumerate(buttons):
    row = (index // 4) + 1
    col = index % 4
    create_button(button_text, row, col)
```

```
def on_button_click(character):
    if character == 'C':
        display_var.set("")
    elif character == '=':
        try:
            display_var.set(str(eval(display_var.get( ))))
        except Exception:
            display_var.set("Error")
    else:
        display_var.set(display_var.get( ) + character)

root.mainloop( )
```

运行调试

单击“运行”按钮，调试、修改报错的红色代码行。

图 5-5　简易计算器界面

第一关　新星启航

创建主窗口和显示框：

1. 导入 Tkinter 库。

2. 创建主窗口并设置标题。

3. 创建一个显示框，用于显示计算器的输入和结果。

编程实现

```
import tkinter as tk  # 导入 Tkinter 库（用于创建图形用户界面）
# 创建主窗口
root = tk.Tk( )  # 创建一个主窗口
root.title(" 简易计算器 ")  # 设置主窗口的标题为“简易计算器”
# 创建显示框（用于存储显示框的内容）
display_var = tk.StringVar()  #StringVar 是 Tkinter 中的一种变量类型，用于存储字符串数据，且在图形界面可以进行动态更新
# 创建显示框（用于显示输入的数字和计算结果）
display = tk.Entry(root, textvariable=display_var, justify='right', font=('Arial', 18))  # 创建文本输入框，文本在文本框中右对齐，文本框中的字体为 Arial，字号为 18
display.grid(row=0, column=0, columnspan=4, padx=10, pady=10, sticky="nsew")
# 使用 grid 布局管理器将显示框放置在主窗口中第 1 行（row）、第 1 列（column），显示框跨越（columnspan）4 列、左右边距（padx）和上下边距（pady）均为 10 像素，扩展填充到北、南、东、西 4 个方向
# 启动主循环，显示窗口。
root.mainloop( )
```

运行调试

单击“运行”按钮，调试、修改报错的红色代码行。

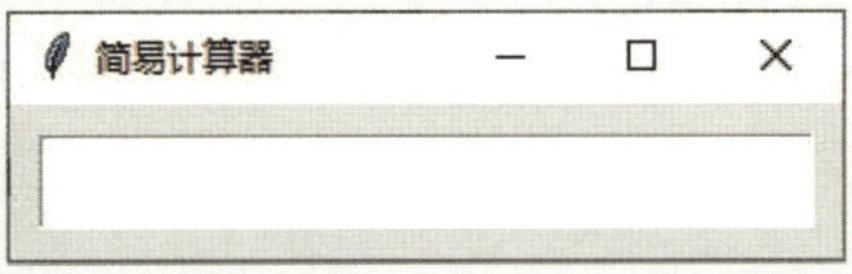

图 5-2　“简易计算器”小程序主窗口和显示框

知识宝藏

Entry 组件

用来创建一个文本输入框，它允许用户输入和编辑短文本项，比如用户名、密码或任何小段的文本。

1. 常用属性。

textvariable: 用于绑定一个 String Var 变量，以便自动更新和读取文本框内容。

justify: 设置文本在文本框中的对齐方式（如 left, right, center）。

show: 设置一个字符来掩码显示的字符，常用于密码输入框。

width: 设置文本框的宽度，通常以字符数为单位。

font: 设置文本的字体和大小。

2. 常用方法。

（1）get( ): 获取当前文本框中的文本。

实例：text = entry.get( )

（2）insert(index, string): 在指定位置插入字符串。

实例：entry.insert(index, string)

（3）delete(first, last=None): 删除指定范围内的文本。如果只提供 first 参数，将删除该位置的单个字符。

实例：entry.delete(first, last)

（4）icursor(index): 将插入光标移动到指定位置。

实例：entry.icursor(index)

（5）select_clear( ): 清除当前选中的文本。

实例：entry. select_clear( )

神秘拓展

你知道在 Tkinter 库中，除了 Entry 组件，还有哪些常用的文本输入组件吗？

（一）Label

用于显示静态信息，即不可由用户编辑的文本。

实例：

```
import tkinter as tk
root = tk.Tk( )
label = tk.Label(root, text=" 这是一个标签 ", font=("Arial", 14))
label.pack(padx=20, pady=20)
root.mainloop( )
```

执行结果：

（二）Text

用于显示多行文本，允许用户输入并可显示多行文本，还可支持文本的滚动、搜索以及复杂的文本操作。

实例：

```
import tkinter as tk
root = tk.Tk( )
text_widget = tk.Text(root, height=10, width=50, font=("Arial", 14))
text_widget.pack(padx=20, pady=20)
text_widget.insert(tk.END, " 这是一个文本框，可以输入多行文字。")
root.mainloop( )
```

执行结果：

（三）Spinbox

用于显示有限的选项，含有一个输入框和两个按钮（上下箭头），允许用户通过点击按钮选择一个值，也允许用户直接输入值。

实例：

```
import tkinter as tk
def show_selection(event):
    print(" 你选择了：", spinbox.get( ))
root=tk.Tk( )
spinbox=tk.Spinbox(root, from_=1, to=10, width=10, font=("Arial", 14))
spinbox.pack(padx=20, pady=20)
spinbox.bind("<Return>", show_selection)
root.mainloop( )
```

执行结果：

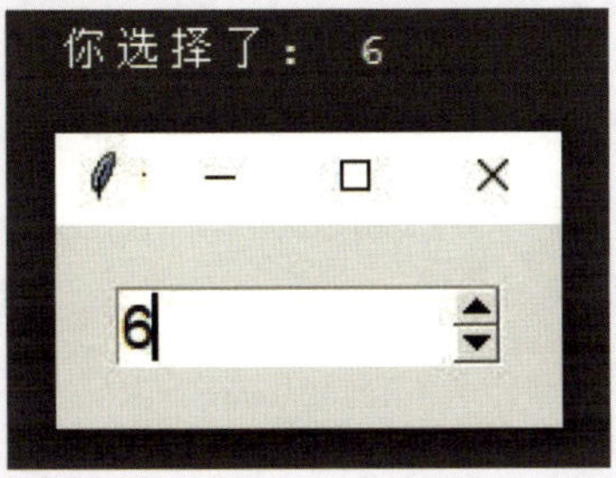

第二关　击破万难

创建按钮并布局：

1. 定义按钮文本列表。
2. 定义创建按钮的函数，包括按钮的文本、位置和事件处理。
3. 循环遍历按钮列表，创建并放置按钮。

编程实现

```
import tkinter as tk  # 导入 Tkinter 库（用于创建图形用户界面）
# 创建主窗口
root = tk.Tk( ) # 创建一个主窗口
root.title(" 简易计算器 ") # 设置主窗口的标题为“简易计算器”
# 创建一个名为 buttons 的列表，列表中包含计算器上所有按钮的文本标签，每个字符串代表一个按钮上显示的内容
buttons = [
    '7', '8', '9', '/',
    '4', '5', '6', '*',
    '1', '2', '3', '-',
    'C', '0', '=', '+'
]
# 自定义一个 create_button( ) 函数，用于创建按钮，并将其放置在计算器窗口的指定位置
def create_button(text, row, col):
    button = tk.Button(root, text=text, width=9, height=3,
                       command=lambda: on_button_click(text))  # 创建一个 button 对象，显示的文本为 text，宽度为 9，高度为 3，command 属性设置为一个 lambda（匿名）函数，当按钮被点击时，会调用 on_button_click 函数来传递 text 参数
button.grid(row=row, column=col, sticky="nsew")  # 使用 grid 布局管理器将按钮放置在指定的行和列，扩展填充到北、南、东、西四个方向
```

```
# 循环遍历按钮列表，创建并放置按钮
for index, button_text in enumerate(buttons):  #index 和 button_text 是在 for 循环中通过 enumerate( ) 函数生成的变量，它们用于遍历列表中的每个元素
    row = (index // 4) + 1  # 计算按钮放置在第几行，使用索引除以 4（每行有 4 个按钮）再加 1 来确定行号
    col = index % 4  # 计算按钮放置在第几列，使用索引对 4 取余数来确定列号
    create_button(button_text, row, col)  # 调用 create_button( ) 函数，为每个 button_text 创建一个按钮，并放置在计算器窗口
# 启动主循环，显示窗口
root.mainloop( )
```

运行调试

单击“运行”按钮，调试、修改报错的红色代码行。

图 5-3　“简易计算器”小程序按纽布局

知识宝藏

Button 组件

用来创建一个可点击的按钮，用户可以通过它来执行特定的操作或事件。按钮通常与事件处理函数绑定，当用户点击按钮时，就会触发这些函数。

1. 常用属性。

text：按钮上显示的文本。

command：当按钮被点击时执行的函数或命令。

width 和 height：按钮的宽度和高度，通常以字符宽度和行高度来衡量。

font：按钮上文本的字体和大小。

2. 常用方法。

config 或 configure：用于在按钮创建后修改其属性，如更改按钮的文本、背景颜色、字体等。

实例：button.config(text=" 新文本 ", bg="red")

bind：用于给按钮绑定一个事件，让其在特定事件发生时执行一个函数。除了可以绑定鼠标点击事件外，还可以绑定其他类型的事件，如键盘事件。

实例：button.bind("<Button-1>", lambda event: print(" 鼠标左键点击了按钮 "))

flash 或 highlight：用于在一定时间内改变按钮的外观，通常用于视觉反馈，比如在按钮被点击时闪烁。

实例：button.flash( )

grid：用于将按钮放置到网格布局中的指定位置。

实例：button.grid(row=0, column=0)

state：设置或获取按钮的状态，状态可以是 "normal"、"active"、"disabled" 等。

实例：button.state("disabled") # 禁用按钮

神秘拓展

你知道 range( ) 函数和 enumerate( ) 函数的区别是什么吗?

range( ) 函数

用于生成一个连续整数序列；接受 1—3 个参数（start, stop, step）。

enumerate( ) 函数

用于迭代可迭代对象（如列表、元组、字符串等）的同时获取索引和值，

生成包含索引和对应值的元组；接受一个可迭代对象和一个可选的起始索引。

实例 1:

```
for i in range(3):
    print(i)
```

执行结果:

```
0
1
2
```

实例 2:

```
fruits = ["apple", "banana", "cherry"]
for index, fruit in enumerate(fruits):
    print(index, fruit)
```

执行结果:

```
0 apple
1 banana
2 cherry
```

第三关 巅峰对决

创建按钮并布局：

1. 定义按钮点击事件处理函数。
2. 实现数字和运算符的输入逻辑。
3. 实现清除和等号按钮的特殊逻辑。

编程实现

```
import tkinter as tk  # 导入 Tkinter 库（用于创建图形用户界面）

# 创建主窗口
root = tk.Tk( ) # 创建一个主窗口
root.title(" 简易计算器 ") # 设置主窗口的标题为“简易计算器”

# 定义按钮点击事件处理函数
def on_button_click(character):
    if character == "C": # 如果 character 等于 "C"，表示用户点击了清除按钮
        display_var.set("") # 清空显示框
    elif character == "=": # 如果 character 等于 "="，表示用户点击了等号按钮
        try:
            display_var.set(str(eval(display_var.get( ))))  # 使用 eval 函数，尝试计算 display_var.get( ) 获取的字符串表达式的值后，将其转换为字符串，并将显示框的内容设置为计算结果
        except Exception:
            display_var.set("Error") # 如果计算过程中发生任何异常，则捕获异常并将显示框的内容设置为 "Error"
    else: # 如果上述两种情况都不满足，表示用户点击的是数字或运算符按钮
        display_var.set(display_var.get( ) + character)  # 获取当前显示框的内容，将显示框的内容设置为其与按钮上的字符 character 拼接后的结果

# 启动主循环，显示窗口
root.mainloop( )
```

运行调试

单击“运行”按钮，调试、修改报错的红色代码行。

图 5-4　“简易计算器”小程序界面布局

知识宝藏

eval( ) 函数

用于将字符串作为 Python 表达式来执行，并返回表达式的值。

eval(expression, globals=None, locals=None)

expression: 必需，一个字符串形式的有效表达式。

globals: 可选，全局名称空间字典。

locals: 可选，局部名称空间字典。

实例：

```
expr = "3 + 5 * 2"
result = eval(expr)
print(result)
```

执行结果：

13

神秘拓展

你知道在 Tkinter 中，如何为按钮添加不同的事件处理函数吗？

在 Tkinter 中，为按钮添加事件处理函数通常涉及为按钮的 command 属性指定一个函数。这个函数将在按钮被点击时执行。如果你想为不同的按钮添加不同的事件处理函数，可以在创建每个按钮时指定不同的函数。

例：为不同的按钮添加不同的事件处理函数。

```
import tkinter as tk
# 为三个不同的按钮添加三个不同的输出结果
def first_button_action( ):
    print(" 第一个按钮被点击 ")
def second_button_action( ):
    print(" 第二个按钮被点击 ")
def third_button_action( ):
    print(" 第三个按钮被点击 ")
# 创建主窗口
root = tk.Tk( )
root.title(" 不同按钮事件 ")
# 创建第一个按钮，并为其指定事件处理函数
first_button = tk.Button(root, text=" 第一个按钮 ", command=first_button_action)
first_button.pack( )
# 创建第二个按钮，并为其指定事件处理函数
second_button = tk.Button(root, text=" 第二个按钮 ", command=second_button_action)
second_button.pack( )
 # 创建第三个按钮，并为其指定事件处理函数
third_button = tk.Button(root, text=" 第三个按钮 ", command=third_button_action)
third_button.pack( )
# 启动主循环
root.mainloop( )
```

执行结果：

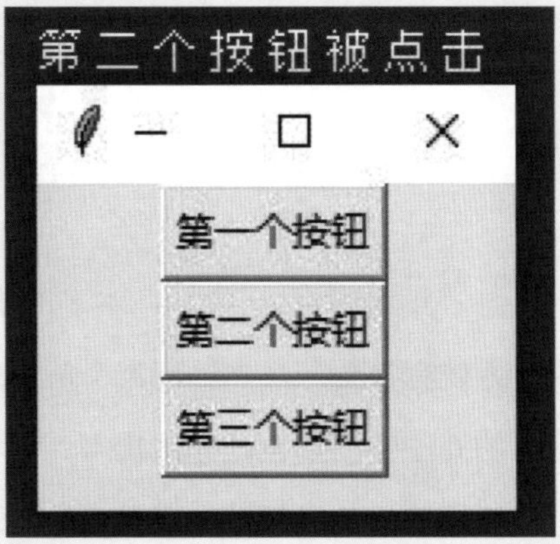

第六章 算法初探

背景探索

算法是为解决问题而出现的，有问题的地方就有算法。虽然处理每个问题所需要用到的算法可能不一样，但是把各种问题的处理方法抽象地总结出来，就可以得到一些基本的算法思想。常用的算法有解析算法、枚举算法、递推算法、递归算法等。

核心问题

1. 如何使用 math 库函数求解具体问题?
2. 如何结合解析算法、枚举算法具体分析将问题抽象成数学模型?

技能导航

1. 了解解析算法、枚举算法的运用。
2. 掌握 math 库 sqrt 函数的用法。
3. 掌握 math 库 cos 函数的用法。

一、程序解一元二次方程

编程任务

王同学在寒假时写了很多一元二次方程的练习题，写着写着，他发现一元二次方程的练习题是有一定规律的，所以想用编程的方式，编写一个计算 $ax^2+bx+c=0$ 的根的程序。在程序运行时需输入练习题上对应的 3 个关键数 a，b，c，运行程序就能输出一元二次方程的根。

第一关　新星启航

有关一元二次方程求解根的具体问题思路如下：

1. 思路分析。

在求解一元二次方程 $ax^2+bx+c=0$ 的过程中，关键变量是 a，b，c，其中 ax^2 是二次项，a 是二次项系数；bx 是一次项，b 是一次项系数；c 是常数项，使方程左右两边相等的未知数的值就是这个一元二次方程的根。

2. 难点分析。

在使用解析算法编程处理问题时，最关键的部分是通过分析将问题抽象成数学模型，借助解析式，用已知条件为变量赋值进行求解。在计算一元二次方程的根时，存在以下难点：

例如，数学解析式 $\sqrt{b^2-4ac}$ 在 Python 中可以用 math.sqrt(b*b-4*a*c) 来表示。其中 math.sqrt( ) 是平方根函数。用公式法求 $ax^2+bx+c=0$ 的根，可先求出一元二次方程的根的判别式 $d=b^2-4*a*c$ 的值。若 d>0，则有两个不相等的实数根；若 d=0，则有两个相等的实数根；若 d<0，则没有实数根。

3. 算法设计。

求一元二次方程 $ax^2+bx+c=0$ 的根，首先判断输入的 a，b，c 的值是否符合要求，用公式法解一元二次方程，程序流程如下：

第一步：把方程化成一般形式 $ax^2+bx+c=0$，确定 a，b，c 的值（注意符号）。

第二步：求出一元二次方程的根的判别式 $d=b^2-4ac$ 的值，判断根的情况。

第三步：若 $b^2-4ac>0$，则有两个不相等的实数根；若 $b^2-4ac=0$，则有两个相等的实数根；若 $b^2-4ac<0$，则没有实数根，求出方程的根。

第四步：输出方程的根。

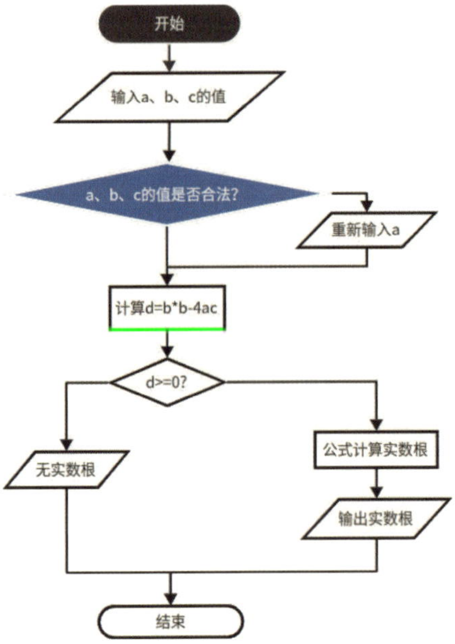

图 6-1　一元二次方程求解算法流程图

知识宝藏

（一）解析算法

解析法是最常用的一种算法。使用该算法要善于运用数学、物理、化学等学科知识方法来分析问题，找出问题中各要素之间的关系。然后使用形式化的符号和公式表达要素间的关系，得出解决问题所需的表达式。最后进行编程调试，测试程序运行结果。

（二）math.sqrt 函数

Python 中用于计算平方根的内置函数位于 math 模块中，因此在使用之前需要导入 math 模块。如果输入的数字小于 0，sqrt 函数返回一个复数，实部为非负数，虚部为 0；如果输入的数字是非整数，sqrt 函数将返回一个浮点数。

第二关 击破万难

编程实现

```python
import math
a = int(input("请输入二次项系数a的值："))
b = int(input("请输入一次项系数b的值："))
c = int(input("请输入常数项c的值："))
if a == 0:                                    # a为0就不是一元二次方程
    a = int(input("输入错误，请重新输入a:"))
d = b**2-4*a*c                                # 一元二次方程的根的判别式
if d >= 0:
    if d == 0:
        x1 = x2 = -b/(2*a)                    # 有两个相等的实数根
    else:
        x1 = (-b+math.sqrt(d))/(2*a)          # 有两个不相等的实数根
        x2 = (-b-math.sqrt(d))/(2*a)
    print("x1=", x1, "\t", "x2=", x2)
else:
    print("无实数根")                          # 无实数根

```

图 6-2 一元二次方程求解编程过程示例

运行调试

单击“运行”按钮，调试错误代码。

```
控制台
请输入二次项系数a的值：1
请输入一次项系数b的值：9
请输入常数项c的值：0
x1= 0.0          x2= -9.0
程序运行结束
```

图 6-3 一元二次方程求解运行调试示例

第三关 巅峰对决

在完成一元二次方程的编程后，继续尝试完成一元三次方式的求解，编写一个计算 $ax^3+bx^2+cx+d=0$ 的根的程序。

二、被遗忘的密码

编程任务

梁同学需要接收一封重要的来信，但她把邮箱的密码忘记了。通过交流，梁同学想起了部分密码信息，请你利用编写程序的方式，帮助她找出所有可能的密码。

生日：2005 年 4 月 11 日

1. 密码是 8 位数字，前面 4 位是我的出生年份。
2. 密码的最后 3 位数字相同。
3. 密码能被 4 和 11 整除。

第一关　新星启航

根据上述已知条件，我们能够确定密码的大致范围，在这些范围中还要根据信息中的第二条与第三条列举出所有可能的情况。

1. 思路分析。

根据问题的描述可知，需要判断的密码的范围为 20050000 ~ 20059999。密码的最后 3 位数字相同，且还能被 4 和 11 整除。可以使用循环的方式进行逐一推算，这种方式被称为枚举算法，具体实施方法如下：

首先，确定枚举对象和枚举范围。

其次，明确验证问题成立的条件。

最后，借助循环语句和条件语句进行相应的程序设计。

2. 难点分析。

在了解了题目中的一些重要信息点之后，需要根据这些信息点，将文字内容转换成计算机可以运行的表达式。请参考下面变量的设置，试着写一写密码判断的条件表达式。

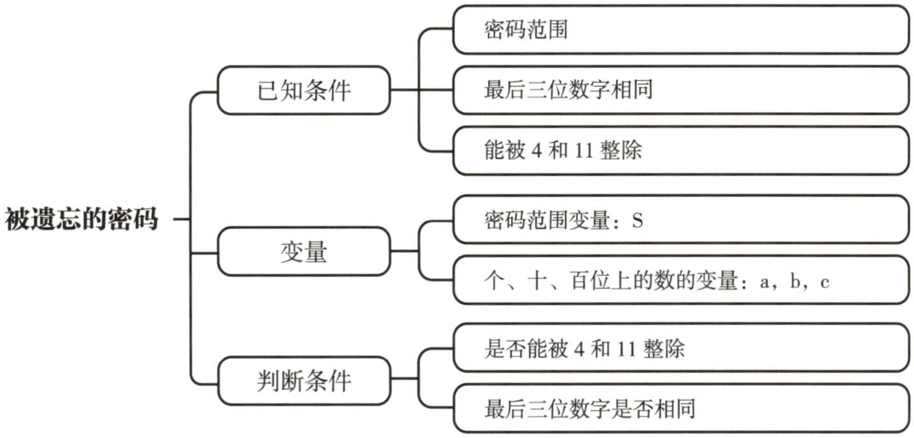

图 6-4　“遗忘的密码”问题需求分析

3. 算法设计：

“被遗忘的密码”问题的求解过程、程序步骤如下：

第一步：根据密码的范围，确定循环的次数。

第二步：判断是否能被 4 与 11 整除。

第三步：判断最后 3 位数字是否相同。

第四步：输出符合条件的密码。

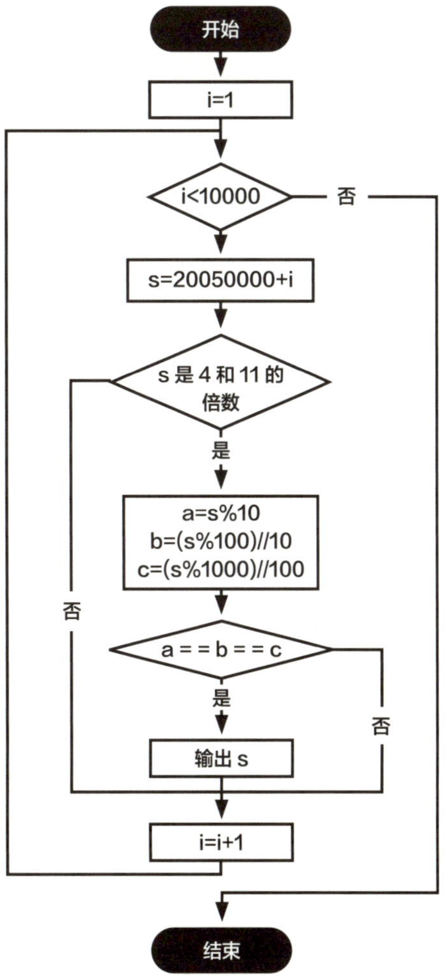

图 6-5　“遗忘的密码”问题算法流程图

知识宝藏

枚举算法

枚举算法需要逐一验证所有可能的情况，运算量比较大，解决问题的效率不够高。因此，在应用枚举算法求解问题时，需要考虑优化算法，选择恰当的枚举对象，尽量分析出问题中的隐含条件，缩小枚举范围，以提高解决问题的效率。

分析问题 → 选择恰当的枚举对象 → 缩小枚举范围

使用枚举算法时要注意的是：

1. **建立数学模型**。模型中变量数尽可能地少（使规模尽量小），它们之间相互独立。例如，求“小于 N 的最大素数”中的条件是“n 不能被（2，n）中任意一个素数整除”，而不是“n 不能被（2，n）中任意一个整数整除”。

2. **减少搜索的空间**。利用相关知识缩小模型中各变量的取值范围，避免不必要的计算。例如，在求“N 以内的素数”时，减少代码中循环体执行的次数；比如除 2 之外，只有奇数才可能是素数。

3. **采用合适的搜索顺序**。搜索顺序要与模型中的条件表达式一致，例如在求“N 以内的素数”时，使用{2，2*i+1|1<=i,2*i+1<n}代码，按照从小到大的顺序搜索。

第二关　击破万难

编程实现

```
for i in range(0, 10000):                # 枚举密码的范围
    s = 20050000 + i
    if s % 4 == 0 and s % 11 == 0:       # 判断是否能被4与11整除
        a = s % 10                       # 求个位数
        b = (s % 100)//10                # 求十位数
        c = (s % 1000)//100              # 求百位数
        if a == b == c:                  # 判断后3位数是否相等
            print(s)

```

图 6-6　“遗忘的密码”问题代码示范

运行调试

运行程序，程序按要求进行逐一判断，直到找出指定范围内所有符合条件的密码。上述条件经计算后，有 3 组符合条件的密码数据。即我们在使用枚举算法时，一定要考虑好范围，既不能遗漏，也不能重复。通过逐一判断，验证所有满足要求的条件，从而得到问题的答案。

```
控制台
20050888
20053000
20057444
程序运行结束
```

图 6-6　“遗忘的密码”问题示范代码运行结果

第三关　巅峰对决

梁同学想起妈妈有一部闲置的手机，但妈妈把锁屏的密码忘记了。通过交流，她得到了部分密码信息，请你利用编写程序的方式，找出解锁手机所有可能的密码。

生日：2005 年 4 月 11 日

1. 密码是 10 位数，前面 6 位是我的出生年份和月份。
2. 密码的最后 4 位是一个纪念日的月份和日份。
3. 密码能被 3 和 11 整除。

第七章 项目活动：飞机大战·打单词

背景探索

欢迎各位年轻的“编程飞行员”，准备迎接一场充满刺激与知识的“飞机大战·打单词”活动吧！在这个令人兴奋的冒险中，你将执掌自己的“飞机”，穿越词汇的云层，与“敌机”激战的同时，轻松掌握更多单词。让我们一起踏上这段创意之旅，用Python编写属于自己的“飞机大战”游戏，打破枯燥，创造属于自己的编程作品！

一、项目解读

如何开启这场激动人心的游戏编程之旅呢？

首先，让我们制定清晰而有趣的游戏规则，明确“飞机”和单词的运动轨迹、游戏互动与得分系统以及游戏窗口的呈现方式等。

其次，你需要策划如何通过 Python 编程逐一实现你所构思的功能模块，仿佛是在绘一幅奇妙的游戏编程画卷。

最后，将所有功能巧妙地整合到一个完整的 Python 程序中，让“飞机大战·打单词”成为一个流畅而完整的游戏。

如果你感到热情高涨，不妨挑战自己，通过修改代码，为游戏添加更多亮眼的元素，比如不同类型的敌人、游戏结束时的得分展示和令人惊叹的过场动画等。在这个充满创造力的活动中，你将逐步打造一个令人惊叹的“飞机大战·打单词”游戏。加油！各位年轻的“编程飞行员”，让我们一起在代码的世界中翱翔吧！

二、项目规划

各位年轻的“编程飞行员”以 2—4 人组成一个小组，根据项目主题进行头脑风暴，完成表 7-1 所示的项目规划表吧！

表 7-1　项目规划表

游戏名称	
小组成员及分工	
游戏功能及规则描述	
进度安排	
预期成果	

三、项目实施

根据项目活动规划安排，构思游戏运行机制，上网搜索资料，开展探究学习，包括了解与游戏功能实现相关的库，巩固学习 Python 的基础知识等。

神秘拓展

在 Python 中，库（Library）是一组已经写好的模块（Module）的集合，它包含已经定义好的函数和方法，可供开发者直接使用。库的目的是方便开发者重用已经实现的代码，从而避免重复劳动，提高开发效率。在“飞机大战 · 打单词”游戏中可能需要调用的库如下：

A. pygame 库

■ 功能：提供游戏开发所需的基本功能，包括窗口管理、事件处理、图像渲染等。

■ 调用方法：import pygame

B. random 库

■ 功能：生成随机数，用于随机选择敌人的初始位置，以及从单词列表中随机选择单词。

■ 调用方法：import random

C. sys 库

■ 功能：提供与 Python 解释器和系统交互的功能，例如在游戏结束时退出程序。

■ 调用方法：import sys

D. math 库

■ 功能：用于进行数学运算，例如在游戏中计算子弹的移动轨迹。

■ 调用方法：import math

（一）游戏规则设计

游戏功能模块及运行规则如下：

（二）算法设计

根据上述设计，设计并描述算法（可以使用自然语言或者流程图）。

算法描述：

（三）编写程序

根据算法，编写相应的 Python 程序，实现算法。

程序代码：

（四）调试运行

运行程序，调试验证程序的正确性，不断修正、优化程序。

运行结果：

四、成果交流

梳理和总结项目活动成果，分享和展示游戏运行效果。

五、项目评价

参照表 7-2 对本次项目活动过程及成果进行评价。

表 7-2　活动评价表

项目及分值	具体描述	自我评价	同学评价
功能设计（20 分）	① 能够准确分析游戏的核心需求，针对性设计游戏功能模块	☆☆☆☆☆	☆☆☆☆☆
	② 能够综合运用程序的基本结构设计算法，能够用适当的方式正确描述算法，并能够使算法达到最优化	☆☆☆☆☆	☆☆☆☆☆
算法设计（30 分）	③ 运用 Python 程序设计语言实现算法，程序运行无误	☆☆☆☆☆	☆☆☆☆☆
	④ 语言表达流畅，内容完整，结构清晰	☆☆☆☆☆	☆☆☆☆☆

六、项目范例

湾仔同学与组员们设计了“飞机大战·打单词”游戏，完成了程序开发，成果报告如下：

“飞机大战 · 打单词”游戏开发项目活动成果报告

（一）项目背景

“飞机大战 · 打单词”游戏是一个结合了飞行射击和单词学习的创意项目。通过这个游戏，玩家将在激烈的“飞机大战”中，通过击败敌机来学习新的单词，提高单词记忆能力。

（二）游戏功能设计

1. 飞机控制：玩家通过键盘控制飞机左右移动，以躲避敌机和发射子弹。

2. 发射子弹：玩家按下空格键可以发射子弹，用于击败敌机。子弹的移动轨迹和速度需要被精心设计，以确保命中目标。

3. 敌机单词呈现：敌机以单词的形式呈现在屏幕上，每架敌机携带一个固定的单词。这个设计旨在通过游戏的过程增加玩家的单词识别和记忆。

4. 击败敌机：当子弹命中敌机时，敌机上携带的单词将显示在屏幕上，同时玩家的得分增加。这一设计让学习单词与游戏过程融为一体。

5. 得分展示：实时显示玩家的得分，让玩家清楚地知道自己在游戏中的表现。当玩家与敌机相撞时，游戏结束，显示游戏结束画面。

（三）算法设计

1. 子弹和敌机碰撞检测。

在每个游戏循环中，遍历所有子弹和敌机的坐标。如果某颗子弹的坐标位于某个敌机的区域内，即敌机的左边界到右边界，以及上边界到下边界之间，就判断为发生碰撞。在碰撞发生时，处理得分逻辑以及显示相应的单词。

2. 敌机与玩家飞机碰撞检测。

同样在每个游戏循环中，检测每架敌机的坐标是否与玩家飞机相交。如果敌机的坐标位于玩家飞机的区域内，即敌机的左边界到右边界，以及上边界到下边界之间，就判断为发生碰撞。在碰撞发生时，触发游戏结束逻辑。

3. 随机选择单词。

利用 random 库的函数，从单词列表中随机选择一个单词。确保每次选择的单词都不重复，以保证每个敌机携带的单词都是独特的。

4. 实时显示得分。

利用 pygame 库的 render 函数，在游戏窗口的指定位置实时绘制玩家的得分。这个得分会在每次游戏循环中更新。

（四）编程实现

```
import random
import pygame

# 初始化 Pygame
pygame.init( )
# 游戏窗口设置
WIDTH, HEIGHT = 800, 600
win = pygame.display.set_mode((WIDTH, HEIGHT))
pygame.display.set_caption(" 飞机大战·打单词 ")

# 背景设置
background_image = pygame.image.load(" 背景 .png")

# 玩家飞机设置
player_image = pygame.image.load(" 飞机 .png")
player_width, player_height = 50, 50
player_x, player_y = WIDTH // 2 - player_width // 2, HEIGHT - player_height - 20
player_speed = 5
bullet_speed = 7
bullets = [ ]

# 子弹设置
bullet_image = pygame.image.load(" 子弹 .png")

# 敌人设置
enemy_width, enemy_height = 50, 50
enemy_speed = 3
enemies = [ ]
```

```
# 得分
score = 0

# 加载字体
font = pygame.font.SysFont(None, 40)  # 调整字体大小
# 初中单词词汇
word_list = ["abandon", "calculate", "frequent", "harmony",
          "obstacle", "qualify", "vivid", "commend", "elaborate"]

# 主游戏循环
running = True
clock = pygame.time.Clock( )


def draw_text(text, x, y):
    text_surface = font.render(text, True, (255, 0, 0))  # 红色字体
    win.blit(text_surface, (x, y))


while running:
    for event in pygame.event.get( ):
        if event.type == pygame.QUIT:
            running = False

    # 移动玩家飞机
    keys = pygame.key.get_pressed( )
    if keys[pygame.K_LEFT] and player_x > player_speed:
        player_x -= player_speed
    if keys[pygame.K_RIGHT] and player_x < WIDTH - player_width - player_speed:
        player_x += player_speed
```

```
    # 发射子弹
    if keys[pygame.K_SPACE]:
        bullet_x = player_x + player_width // 2
        bullet_y = player_y
        bullets.append([bullet_x, bullet_y])
    # 移动子弹
    for bullet in bullets:
        bullet[1] -= bullet_speed

        # 判断子弹是否击中敌机
        for enemy in enemies:
            if (
                enemy[0] < bullet[0] < enemy[0] + enemy_width
                and enemy[1] < bullet[1] < enemy[1] + enemy_height
            ):
                # 显示得分和单词
                score += 1
                enemy_word = enemy[2]  # 获取敌机携带的单词
                print(f"击败敌人！单词：{enemy_word}，得分：{score}")
                enemies.remove(enemy)
                bullets.remove(bullet)

        # 移除超出屏幕的子弹
        if bullet[1] < 0:
            bullets.remove(bullet)

    # 移动敌机
    for enemy in enemies:
        enemy[1] += enemy_speed
```

```
        # 判断玩家是否与敌机相撞
        if (
            player_x < enemy[0] < player_x + player_width
            and player_y < enemy[1] < player_y + player_height
        ):
            print(" 玩家飞机与敌机相撞！游戏结束。")
            running = False

        # 移除超出屏幕的敌机
        if enemy[1] > HEIGHT:
            enemies.remove(enemy)

    # 生成新敌机
    if word_list and random.randint(1, 100) < 5:
        enemy_x = random.randint(0, WIDTH - enemy_width)
        enemy_y = 0
        enemy_word = word_list.pop(random.randint(0, len(word_list)-1))
        enemies.append([enemy_x, enemy_y, enemy_word])

    # 渲染背景
    win.blit(background_image, (0, 0))

    # 渲染玩家飞机
    win.blit(player_image, (player_x, player_y))

    # 渲染敌人
    for enemy in enemies:
        draw_text(enemy[2], enemy[0], enemy[1]) # 使用分配给敌人的单词

    # 渲染子弹
    for bullet in bullets:
```

```
        win.blit(bullet_image, (bullet[0], bullet[1]))

    # 显示得分
    draw_text(f" 得分 : {score}", 10, 10)

    # 更新窗口
    pygame.display.update( )

    # 控制帧率
    clock.tick(30)

# 游戏结束，显示 Game Over
draw_text("Game Over", WIDTH // 2 - 50, HEIGHT // 2 - 15)
pygame.display.update( )
# 等待一段时间后退出游戏
pygame.time.delay(2000)
pygame.quit( )
```

（五）运行结果

“飞机大战·打单词”游戏窗口如 7-1 所示。

图 7-1　“飞机大战·打单词”游戏窗口

深派教育

人工智能教育项目系列丛书

创客工具
勇士大冒险

罗朝宣 汪婷 但非 陈晓丹 著

深圳报业集团出版社 广东教育出版社

出 版 人：龙建涛
责任编辑：彭春红　吴　萌　魏孜文
特邀编辑：罗　续
责任校对：何杏蔚　杨　杰　廖安妮
封面设计：林国壮
版式设计：任　敏

图书在版编目（CIP）数据

创客工具：勇士大冒险 / 罗朝宣等著. -- 深圳：深圳报业集团出版社, 2025. 3. -- (人工智能教育项目系列丛书). -- ISBN 978-7-80774-156-5

Ⅰ. G40-012

中国国家版本馆CIP数据核字第2025K07X80号

人工智能教育项目系列丛书
RENGONG ZHINENG JIAOYU XIANGMU XILIE CONGSHU

创客工具：勇士大冒险
CHUANGKE GONGJU YONGSHI DAMAOXIAN

罗朝宣　汪婷　但非　陈晓丹　著

深圳报业集团出版社出版发行
（518034　深圳市福田区商报路 2 号）
中华商务联合印刷（广东）有限公司印制　新华书店经销
版次：2025 年 3 月第 1 版
印次：2025 年 3 月第 1 次印刷
开本：787mm × 1092mm　1/16
总字数：480 千字　　总印张：23
ISBN　978-7-80774-156-5
定价：168.00 元（共 3 册）

“人工智能教育项目系列丛书”编委会

前　言

从传统手工到智能科技，从工具使用到系统设计，创客教育以“动手创造”为核心，融合科学、技术、工程与艺术，为青少年打开了一扇探索真实世界、解决复杂问题的窗口。为帮助学生在实践中培养创新思维与跨学科素养，我们编写了《创客工具：勇士大冒险》一书，通过丰富的工具操作与项目实践，引导学生从“学习者”成长为“创造者”。在内容的设计上，系统设计了木工、焊接、3D打印、激光切割、编程开发等模块，既注重基础工具的操作规范，又强调技术的综合应用。我们注重“科”与“技”的并重，既强调工具的技术原理，又关注其在现实生活中的应用场景。通过引入多元化的数字资源与创客项目，我们鼓励学生在实践中发现问题、解决问题，并在团队协作中提升沟通与协作能力。同时，还融入了科技伦理与安全操作的教育，引导学生在创新过程中遵守规范，树立责任意识。

每章结构

任务指南：

以工具操作与技术规范为核心，系统讲解各类创客工具的使用方法，结合代码编写、电路设计等技术模块，通过步骤分解、安全提示与故障排查，培养学生的规范操作能力与工程思维。

冒险之旅：

以情境化项目为驱动，将学习任务融入各类虚拟冒险故事。学生通过系列跨学科挑战，在解决真实问题的过程中掌握技术工具的综合应用，体验从设计、优化到成品的完整创新链条。

任务记录：

通过学习评价表（自评/互评），记录工具操作、项目设计与问题解决的全过程，引导学生反思技术伦理、团队协作与创新思维，形成可追溯的创客成长档案。

目 录

天天和小奔是阳光小学的两名五年级学生，他们每天都一起上学和放学。这天，天天在图书馆看书时，发现了一本奇怪的书籍，书名叫作《勇士大冒险》。打开这本书，他发现只有第一页上有一张奇怪的地图，后面都是空白的。天天非常好奇，决定把这本书借出来和小奔一起研究。

放学回家的路上，天天把他关于《勇士大冒险》的发现告诉了小奔，小奔也非常好奇，于是，两个人在公园里一起研究这本神奇的书。天色慢慢暗淡下来，两个人还是没有找出书里面的秘密，正当他们感到失望，准备合上书回家时，小奔不小心用手指点到了地图上的“起点”两字，突然，两束蓝色的光线从天而降，落到了两个人的身上，天天和小奔被吸进光束中，公园里顿时没了两个人的踪影。

入物角色介绍

姓名：小奔

年龄：10岁

特征：勇敢，思维活跃，热爱运动，对任何事情都充满好奇心，拥有坚强的毅力和极强的个性，但是做事非常粗心。

姓名：天天

年龄：10岁

特征：善良、热心助人，学习成绩非常好，喜爱阅读课外书籍，了解古今中外的历史，性格腼腆、胆小。

闯关地图

第一关：神秘任务
创客的发展
第二关：原始森林
木工工具的使用
第三关：勇闯百兽谷
焊接工具的使用
第四关：童话城堡
3D打印历史
第五关：操作3D One
第六关：切片打印
第七关：上古文明
激光切割原理
第八关：封印口诀
AutoCAD软件设计
第九关：使用激光武器
常见问题与调试
第十关：迷宫探险
Linux
第十一关：智能芯片一
Arduino
第十二关：智能芯片二
Kicad
第十三关：
地铁防洪水系统
第十四关：
智能家居系统

第一课 创客初探

天天和小奔被两束光吸了进去，周围的物体迅速地朝着身后飞去，强大的吸力几乎要将两个人的身体撕裂开来。他们承受不住这强大的吸力，顿时晕了过去。

不知过了多久，两个人都清醒过来，发现自己处在一个纯白色的空间，小奔看到地上的《勇士大冒险》，捡起来打开。这时，书里面飞出一个神秘的人影。

恭喜你们被选为地球勇士，我是你们的指挥官卡伊德诺。目前，一种新型病毒在肆虐全球，以当前人类的能力还无法彻底消灭它，在不久的将来，全人类都将感染这种病毒，人类世界危在旦夕。所以你们必须完成所有的任务，顺利拿到疫苗，才有可能拯救人类，保护地球文明。

任务指南

话音刚落，这个神秘的人影就消失不见了，而书的第二页也慢慢地浮现出文字。

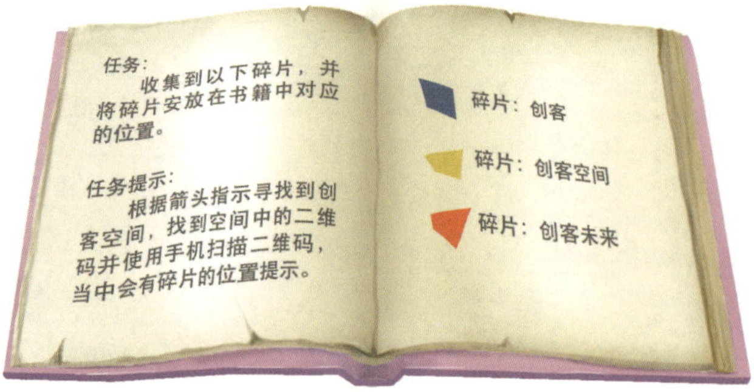

小奔和天天对视一眼，简直不敢相信自己的眼睛。他们在这个白色的空间转了好久，也没找到出口。这时，在他们的前方出现了一个箭头，小奔想起书中的指示，决定带着天天一起完成任务，于是两个人一起向前走去。

冒险之旅

1.1 创客空间

突然，他们的眼前出现一扇大门，门上赫然写着四个大字“创客空间”，天天对小奔说道：“小奔，这不就是我们要收集的碎片之一‘创客空间’吗？我们快进去，看看能不能找到碎片吧！”两个人手拉着手就往大门走去。

一进门的右手边，就有一段对这个空间的介绍文字：

创客空间

创客空间指具有共同兴趣与爱好的创客，利用工具与设备，将创意转化为现实的物理场所。大多以物理空间的形式存在，包括工作室/工作坊、创客集会等。知识共享与同伴引导学习是创客文化的基本特征，促进协同创新和知识建构是创客空间的核心功能。创客们能聚集在这里一起分享知识，创造新事物。

扫描右侧二维码获取更多信息。

图1-1 创客空间

走进空间，他们仔细观察其中的摆设，发现这里和学校的教室差不多，有电脑和桌椅。在隔壁的工作间，小奔还看到了3D打印机和激光切割机。

1.2 创客

天天和小奔继续往空间里面走去，突然，指挥官卡伊德诺出现在墙壁上的大屏幕中，他向两个人发问：“你们知道什么是创客吗？”

创客

“创客”一词来源于英文单词“Maker”，是指出于兴趣与爱好，努力把各种创意转变为现实的人。生活中，我们理解的“创客”大多是指那些兴趣主要集中在电子机械、3D打印、机器人等以工程化为导向这一领域的人。

扫描右侧二维码获取更多信息。

1.3 创客在中国的发展

指挥官卡伊德诺继续说道："创客在中国的发展时间并不长，创客教育于 2013 年在中国兴起，随着我国教育信息化的全面推进，创客教育受到人们越来越多的关注与青睐。"

话一说完，卡伊德诺就消失在屏幕上。随后，一个介绍中国创客发展历史的视频在屏幕上播放了起来。

创客在中国的发展

创客在中国的兴起时间虽短却发展迅猛，国内强大的制造业生态体系、丰富的人力资源、雄厚的资本和艺术沉淀是创客扎根成长的肥沃土壤，它所迸发出的潜力是未来工业体系和经济发展的重要机遇。深圳是国内创客产业链最完整的城市之一，被誉为"创客天堂"。创客在这里可以找到齐全的电子元件、各类加工厂和技术工程人员，快速完成从创意到产品原型再到小批量生产的全过程。

扫描右侧二维码获取更多信息。

天天，原来创客这么酷炫，可以将自己的想法变为现实，我也要当一名创客。

是啊，相信随着祖国的发展，创客群体会越来越庞大，创新的氛围也会越来越浓厚。

小奔依次扫描空间里的三个二维码，成功收集到了三个碎片，并在天天的帮助下，将碎片放置在书中对应的位置，只见书慢慢升起，在空中化作一道金光，并发出一个声音："恭喜你们成功完成任务，不过，别高兴得太早，这次的任务只是给你们练练手，真正的危险正在向你们靠近！"

话音刚落，书就掉了下来，周围的空间慢慢扭曲，竟然变成了一片原始森林。

任务记录

爱学习的天天将这次任务中的信息都记录在笔记本上。同学们，本节课的任务你们都完成了吗？请将你们的学习情况记录在下面的表格中。

学习与活动	具体内容	自我评价	组内互评
知识与技能	创客的概念	☆☆☆☆☆	☆☆☆☆☆
	创客的发展	☆☆☆☆☆	☆☆☆☆☆
创造力表现	独立完成本节课任务	☆☆☆☆☆	☆☆☆☆☆
	对教材案例能举一反三	☆☆☆☆☆	☆☆☆☆☆
	同伴遇到问题时，愿意给予帮助	☆☆☆☆☆	☆☆☆☆☆
问题解决	动手实践，实现自己提出的想法	☆☆☆☆☆	☆☆☆☆☆

第二课 我是小木工

小奔和天天完成创客空间的任务后，周围的空间慢慢地扭曲、坍塌，变成了一片原始森林。不远处，一群原始居民正在使用石器工具伐木造屋。正当小奔和天天沉醉于周围的美景时，地面缓缓升起一团烟雾，指挥官卡伊德诺从烟雾中出现了。

看来我低估了你们，没想到你们这么顺利就完成了第一关的任务。不过，真正的挑战才刚刚开始。我使用时光机器将你们送到一万年以前的原始社会，装有疫苗配方的宝石散落在这个世界的各个角落，需要你们把所有宝石集齐后才能生产出疫苗。为了帮助你们顺利通过这关，我会给你们一个储物戒指，里面的工具也许会派上用场。

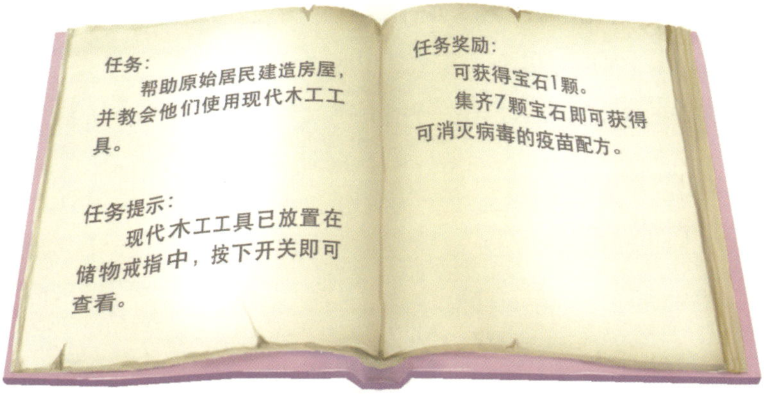

任务指南

2.1 木工工具

小奔看了看手上的储物戒指，对着中间的按钮按了下去，只见在他们前方出现了一个悬浮的空间，里面陈列了许多工具。小奔将其中的一件工具取出来拿在手上，一段有关该工具的介绍随即出现在一块屏幕上。

图2-1 微型安全锯床

微型安全锯床

微型安全锯床类似人们生活中常见的锯子，是用锯条来锯切原木或木材的机床。锯条作往复运动，以锯架绕一个支点摆动的方式进给。机床结构简单，体积小，效率较低。

扫描右侧二维码获取更多信息。

天天一边拿出手机扫描屏幕上的二维码，一边说道："太好了，原来这里面所有的工具都有使用介绍，这样我们就不用担心不会使用这些工具了！"

小奔将锯床放回空间，接着又拿出了另外一件工具，这时屏幕上又显示了相应的介绍文字。

微型钻床

微型钻床指用钻头在工件上加工孔的机床。通常钻头旋转为主运动，钻头轴向移动为进给运动。钻床结构简单，加工精度相对较低，可钻通孔、盲孔；更换特殊刀具后，可扩孔、锪孔、铰孔或进行攻丝等加工。

扫描右侧二维码获取更多信息。

图2-2 微型钻床

看完两个工具的使用方法后，小奔将空间收回到储物戒指中，拉着天天的手向原始居民走去。

冒险之旅

图2-3 原始人建造房屋

很快，原始居民就发现了小奔和天天，他们欢呼着跑过来，眼中充满了期待。不一会儿，一位年龄较大的老者慢慢从人群中走过来，此人正是当地部落的酋长，他对着小奔和天天说："前几天我在睡梦中得到神的指示，说最近会有两个上天派来的使者帮助我们建造房屋，并且还会教我们先进的造房技术，我们终于等到你们了！"

小奔和天天在这位老者的带领下参观了他们建造的房屋和所使用的工具，那些工具都非常原始，作业效率很低。于是，小奔打开储物戒指，将微型安全锯床交到老者手中，并教会了他们如何使用。随后，小奔和天天又将其他的工具依次介绍给原始居民。

微型磨床

微型磨床是利用磨具对工件表面进行磨削加工的机床。大多数磨床使用高速旋转的砂轮进行磨削加工，少数使用油石、砂带等其他磨具和游离磨料进行加工，如珩磨机、超精加工机床、砂带磨床、研磨机和抛光机等。

扫描右侧二维码获取更多信息。

图2-4 微型磨床

2.2 保护工具

机械设备在使用时会发出很大的噪声，长时间处在这种环境下会对我们的听力造成损伤，在使用机械设备时佩戴耳罩能有效降低噪声对听力的影响。

图2-5 耳罩

使用电木铣、车床等机械设备时，如果操作不当，木料可能会飞出，使用面罩或护目镜可以在一定程度上减少飞出的木料对头部的冲击。

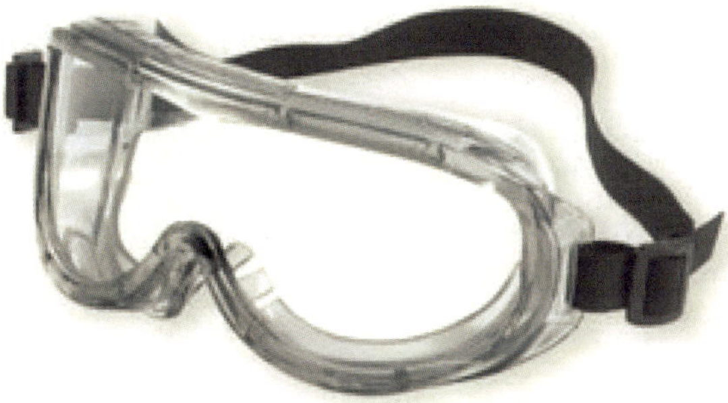

图2-6 护目镜

图2-7 面罩

在更换或手持刀片、锯片以及搬运木料时，手套能够保护我们的手不被刀刃划伤，不被木材上的木刺刺伤，同时也可增强搬运时的抓力。但是在使用机械设备时严禁佩戴手套。

图2-8 手套

木工操作注意事项：

1. 操作前，预先做机器和木材的运动模拟，不要有任何物件妨碍操作。

2. 为工具更换刀头、锯片、带锯等刃锯时，一定要拔掉工具的电源插头。

3. 电动工具周围属于不安全的区域，非操作人员不得靠近。

4. 电动工具要完全运转起来后再进行加工。

5. 手不要放在刀具的运行轨迹上，如果确实需要辅助力量，请用推板代替。

6. 完成作品制作后要记得关闭电源。

介绍完所有的工具，小奔为了考察原始居民对工具的掌握情况，给他们布置了一个简单的任务——使用木工工具制作一个飞机模型。

图2-9 飞机模型

在小奔和天天的帮助下，当地的原始居民很快就掌握了现代木工工具的使用方法，并且建造了许多更加稳固和美观的房屋。为了表示感谢，酋长给了他们一颗晶莹剔透的宝石，并说道："这是我们在祭祀神灵时从天而降的一颗宝石，相信会对你们有很大的作用。"小奔没想到这么顺利就找到了第一颗宝石，便非常开心地收下了。

酋长指着远方的山谷，继续说道："那个山谷叫作百兽谷，里面有许多凶猛的野兽，那些野兽经常出山谷来伤害村民，希望你们能够消灭它们，为我们的村民营造一个安全的生活环境。"

小奔和天天朝着酋长指的方向，向百兽谷走去。百兽谷中会有哪些危险等待着他们呢？

任务记录

爱学习的天天将这次任务中的信息都记录在笔记本上。同学们，本节课的任务你们都完成了吗？请将你们的学习情况记录在下页的表格中。

学习与活动	具体内容	自我评价	组内互评
知识与技能	常见木工工具的使用	☆☆☆☆☆	☆☆☆☆☆
创造力表现	独立完成本节课任务	☆☆☆☆☆	☆☆☆☆☆
	对教材案例能举一反三	☆☆☆☆☆	☆☆☆☆☆
协作能力	愿意进行小组分工，与同伴一起活动	☆☆☆☆☆	☆☆☆☆☆
	同伴遇到问题时，愿意给予帮助	☆☆☆☆☆	☆☆☆☆☆
问题解决	动手实践，实现自己提出的想法	☆☆☆☆☆	☆☆☆☆☆

第三课 我是小焊工

小奔和天天走出村口，朝着百兽谷走去。越接近百兽谷，道路就越崎岖，两个人走了很长时间，才抵达百兽谷的谷口，谷口有一块巨大的石头，上面刻着“百兽谷”三个大字。小奔和天天正准备继续前行时，指挥官卡伊德诺出现在他们面前。

还记得酋长给你们的宝石吗？你们可要收好了，那可是不可多得的宝贝！前方就是百兽谷了，里面有很多凶猛的野兽，能不能闯过去就看你们的造化了。我在储物戒指中已经给你们放置了一些新的武器，加油吧！

任务指南

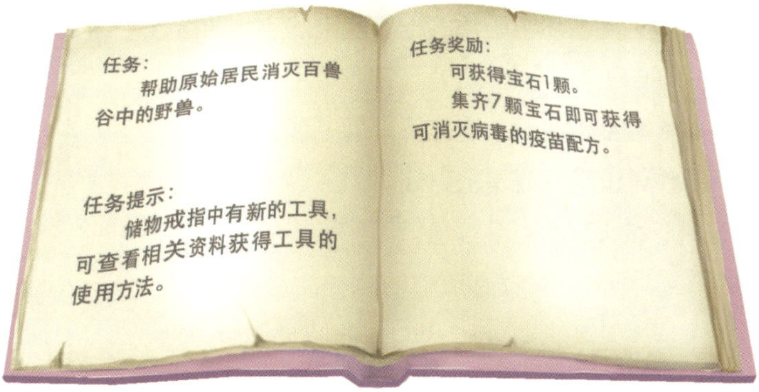

看完《勇士大冒险》中呈现的任务，天天非常担心：

小奔，百兽谷里面有许多凶猛的野兽，我好害怕。

为了让村民过上安定的生活，我们必须鼓起勇气闯一闯。

说完，小奔拉着天天的手就向百兽谷走去。

冒险之旅

3.1 焊接工具

刚进入百兽谷，里面的景象就把天天吓了一跳，到处都是动物的骨头，空气中弥漫着一股腥臭的气味。突然，悬崖上爬下来一只巨大的蜘蛛，张着大口就朝他俩爬来，吓得小奔和天天赶紧朝旁边的石堆跑。蜘蛛穷追不舍，小奔边跑边按下储物戒指的按钮，查看里面有没有合适的武器。慌乱中随手拿出了一把像枪一样的工具，他对着蜘蛛按下开关，一阵猛烈的热风从枪口喷出，蜘蛛被吓得连连后退，爬入旁边的山林，很快就消失不见了。

热风枪

热风枪，是利用发热电阻丝的枪芯吹出的热风对原件进行焊接与摘取的工具。除此之外，它还可用来塑封固定零件，如将零件套上塑料管，吹热风以后，塑料管受热收缩，以此将零件等固定住或是密封好。

扫描右侧二维码获取更多信息。

图3-1 热风枪

惊魂未定的两个人继续向前走去，只见前面出现了一条大河，河面上悬挂着一座锈迹斑斑的铁索桥，上面的铁索都快要断裂了，桥面随时可能垮塌。小奔和天天该如何顺利通过呢？

“小奔，快看看储物戒指中有没有能够修补大桥的工具！”天天对小奔说道。小奔打开戒指，在里面找到了可以用于焊接的工具“电烙铁”，于是二人按照说明书上的方法开始修补大桥。

电烙铁

电烙铁是电子制作和电气维修的必备工具，主要用途是焊接元件及导线。使用时应注意焊接时间不宜过长，否则容易烫坏元件。

扫描右侧二维码获取更多信息。

在小奔专心修补大桥的时候，爱学习的天天则在旁边认真学习电烙铁的使用方法和其他配件的作用，并记录在自己的学习手册上。

图3-2 电烙铁

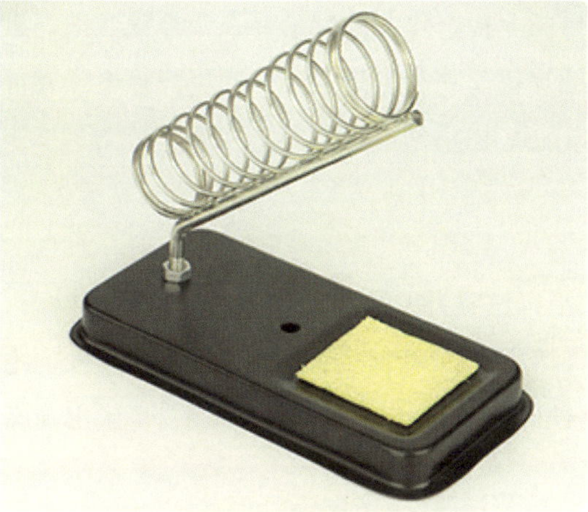

图3-3 烙铁支架

烙铁支架

烙铁支架，配合电烙铁使用，是电烙铁的必备附属工具，由一个底座和一个靠放烙铁的架子组成，是生产、维修电子产品的必备工具。

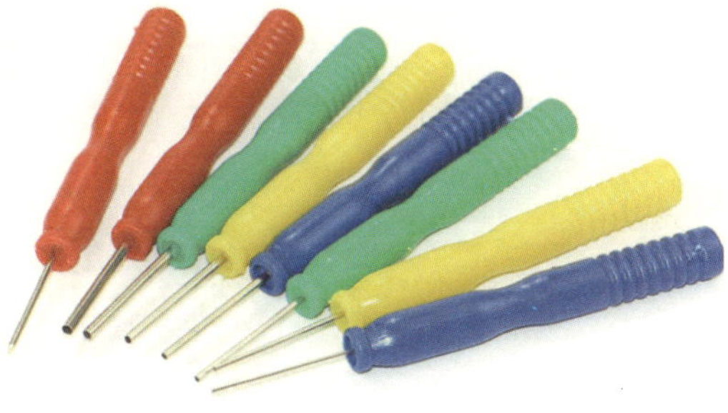

图3-4 空芯针

空芯针

空芯针是电子产品制作中用来拆针脚元件、焊元器件的工具。在常规小功率电烙铁的配合下，空芯针适用于方便灵活地拆卸各种电子元件。

吸锡器

图3-5 吸锡器

吸锡器，是修理电气设备的工具，用来收集拆卸焊盘电子元件时熔化的焊锡。有手动和电动两种，大部分采用活塞式。简单的吸锡器是手动式的，多为塑料制品，头部采用耐高温塑料制成。

使用时，先把吸锡器末端的滑杆压入，听到“咔”声后表明吸锡器已被固定。用烙铁对焊接点加热，使焊接点上的焊锡熔化，同时将吸锡器靠近焊接点，按下吸锡器上面的按钮即可将焊锡吸上。

松香

图3-6 松香

松香指以松脂为原料，通过加工得到的非挥发性天然树脂。松香作为助焊剂存在于焊锡丝中，有松香芯的焊锡丝在与电烙铁配合使用焊接电子元件时，可增加焊锡的流动性，有助于焊锡湿润焊件。

在两个人的努力下，大桥终于修补完毕，小奔拉着天天的手快速通过铁索桥。然而，走到一半的时候，铁索开始发出尖锐的摩擦声，眼见就要断开了，他俩赶紧加快步伐，跑向河对面。原来，由于小奔是第一次使用电烙铁，有一些焊点没有焊接牢固，导致出现虚焊和假焊，桥面铁索才会断开。

3.2 焊接技术要领

焊接技术要领

焊接时，要保证每个焊点焊接牢固、接触良好，确保焊接质量。

扫描右侧二维码获取更多信息。

河对面，一个巨大的山洞正散发着耀眼的光芒。小奔心想，宝石一定就在山洞中，于是拉着天天快步朝山洞跑去。一路上，许多凶猛的野兽朝他俩扑来，但是都被小奔手中的热风枪吓退。两个人跑进山洞后，却发现所有的野兽全都退去，不敢接近洞口，好像在害怕里面的东西。正当两个人疑惑时，一只长相十分吓人的怪兽从洞穴深处缓缓走出，露出獠牙，两只闪闪发亮的眼睛直瞪瞪地看着他俩。小奔把天天推向一边，将所有的武器朝这只怪兽扔去。经过一场大战，怪兽终于缓缓倒下，身体炸裂开来，一颗闪闪发光的宝石从它的身躯中缓缓升起。此时，小奔已经筋疲力尽，天天走上前去，将宝石抓在手中。

休息片刻后，小奔和天天慢慢走出山洞，发现在他们消灭怪兽后，外面的野兽也随之消失不见了，原本恐怖的百兽谷变成了一番世外桃源般的景象。

任务记录

爱学习的天天将这次任务中的信息都记录在笔记本上。同学们，本节课的任务你们都完成了吗？请将你们的学习情况记录在下面的表格中。

学习与活动	具体内容	自我评价	组内互评
知识与技能	焊接工具的认识	☆☆☆☆☆	☆☆☆☆☆
	使用焊接工具完成焊接任务	☆☆☆☆☆	☆☆☆☆☆
创造力表现	独立完成本节课任务	☆☆☆☆☆	☆☆☆☆☆
	对教材案例能举一反三	☆☆☆☆☆	☆☆☆☆☆
协作能力	愿意进行小组分工，与同伴一起活动	☆☆☆☆☆	☆☆☆☆☆
	同伴遇到问题时，愿意给予帮助	☆☆☆☆☆	☆☆☆☆☆
问题解决	动手实践，实现自己提出的想法	☆☆☆☆☆	☆☆☆☆☆

第四课 3D打印探秘

小奔和天天走出山洞，发现不远处出现了一座童话世界里才有的漂亮城堡，可是这座城堡细看起来又和童话世界里的不太一样。小奔走近城堡的外墙，用手摸了一下，感觉像是塑料做的。

欢迎来到3D打印世界，相信你们都看出来了，这个世界和我们现实世界有很大的差别，这里所有的物体包括人类、动物都是使用特殊的材料制作出来的。不过，这座美丽的城堡现在面临着灭顶之灾，也许你们能够帮助它恢复往日的生机！

任务指南

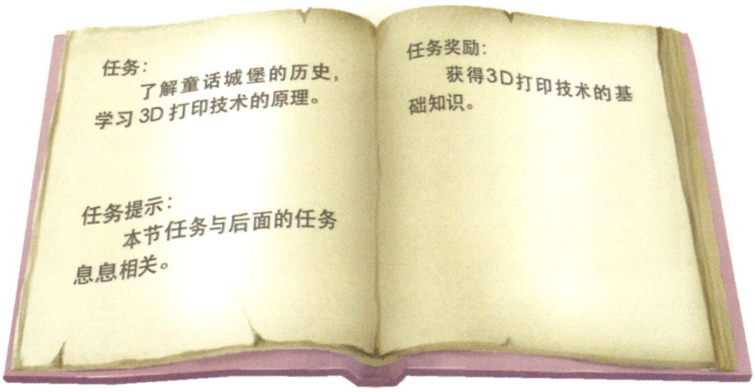

小奔和天天刚走到城堡的城门下方，城门就自动打开了。几个士兵从城堡里面走出来，他们的身体、盔甲都是用和城堡一样的材料制作的。领头的士兵看见小奔和天天，表现得十分激动，迅速跑向他俩。

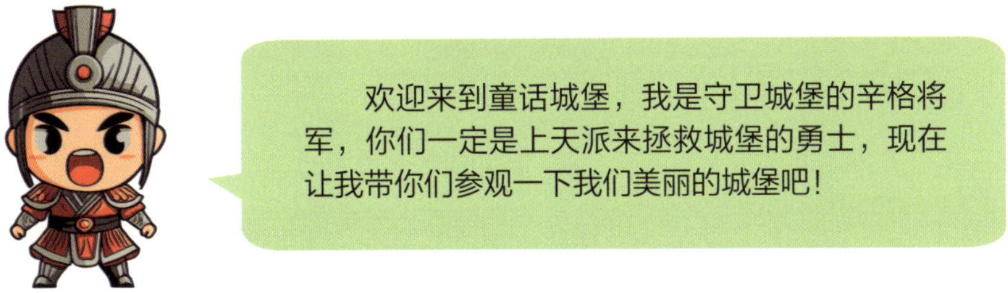

冒险之旅

在辛格将军的带领下，小奔和天天首先来到了童话城堡历史馆参观，这里展示了童话城堡的历史起源。原来，这里还是一片荒地。有一天，一台巨大的机器突然从天而降，悬浮在这片土地上空。机器底部有一个像圆珠笔的针头，针头中吐出细丝，正是这些细丝组合在一起，构成了这里所有的物体，甚至包括人类和城堡本身。而这台巨大的机器也被后来的人们称为“3D打印机”。

4.1 3D打印技术的诞生

3D打印这一制造业的革命性技术从正式出现到较为广泛应用，已经有几十年的历史了，只是在近些年才广为人知。那么，它的产生、发展历程到底是怎样的呢？主要分为哪些类型呢？

3D打印技术的诞生

最早的3D打印实验设备在1981年出现。小田秀夫（Kodama）博士因快速成型技术的发展进行了首次3D打印的尝试，他是第一个描述逐层打印制造方法的人。

扫描右侧二维码获取更多信息。

3D打印构想起源于19世纪末的美国，到20世纪80年代后期发展成熟。20世纪80年代以前，3D打印机有了“快速成型”的概念，但由于当时没有被商业化，数量很少，基本上仅仅集中在少数科技人士手中。

到20世纪80年代后期，美国科学家发明了一种可打印出三维效果的打印机，并将其成功推向市场，自此3D打印技术逐步发展。

2003年以来，3D打印机的销售规模逐渐扩大，价格也开始下降。近些年，无论是在公司、市场，还是在大中小型学校，3D打印机已经很常见。中国物联网校企联盟把它称作“19世纪的思想，20世纪的技术，21世纪的市场”。

4.2 3D打印机的工艺类型

同学们，你能想到吗？图4-1至图4-6中的物品都是3D打印机打印出来的，是不是和你平时见到的塑料打印制品不一样？3D打印机所使用的技术和普通打印机的一样吗？我们一起来学习下3D打印机的工艺类型吧！

图4-1 泰坦模型

图4-2 千年隼模型

图4-3 双翼飞机模型

图4-4 北极熊可动装置

图4-5 镂空猫咪

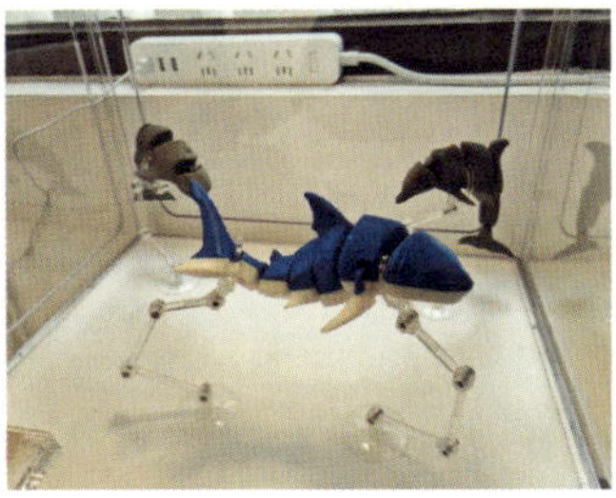
图4-6 铰链海洋生物

目前，3D 打印技术的应用越来越广泛，涵盖工业产品开发、教育、医疗、建筑、交通、服装等领域，其常用的工艺类型分为四类，如下表所示。

工艺类型	工艺原理图	应用
熔融沉积成形（FDM）	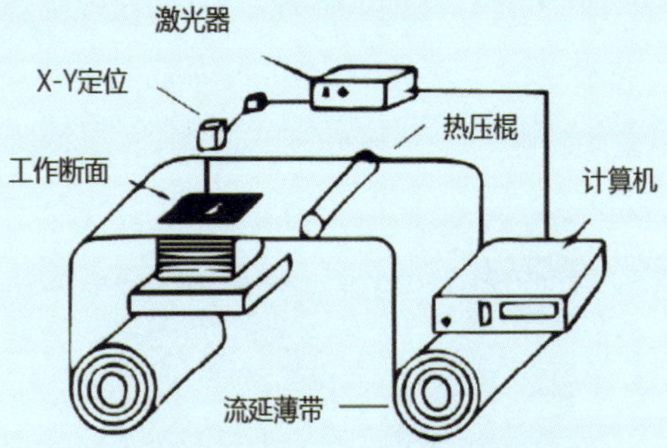	塑料线材的熔融固化
光敏树脂液相固化成形（SLA）	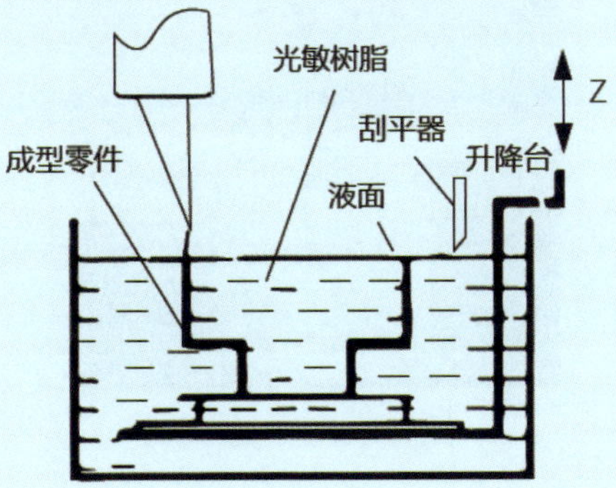	树脂液激光固化

（续表）

工艺类型	工艺原理图	应用
选择性激光粉末烧结成形（SLS）	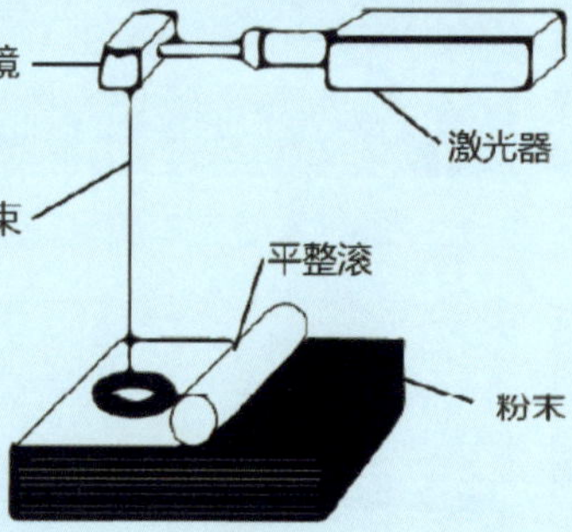	粉末激光固化
薄片分层叠加成形（LOM）	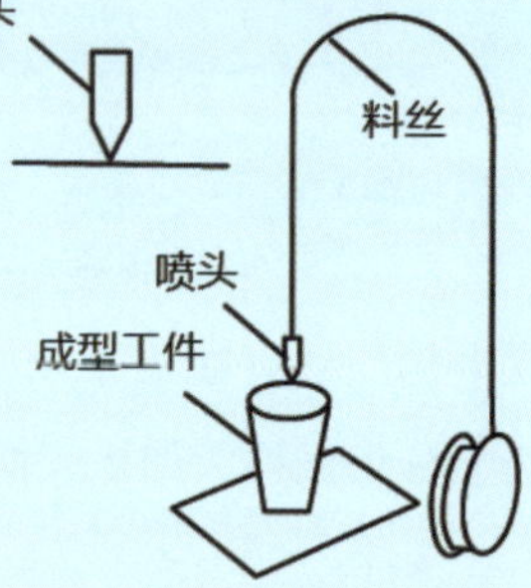	热熔胶片层叠加

根据上表可知，3D 打印机的工作原理主要是：原材料通过层层堆积“长出来”一个完整的三维实体物品。其工艺类型的不同，更多取决于原材料的不同，那么图4-1至图4-6中的物品分别是什么原材料做成的呢？

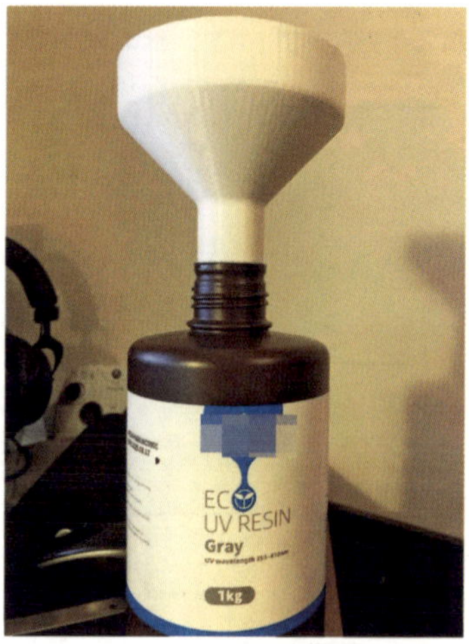

图4-7 光敏树脂材料

在历史馆的墙壁上，还有很多介绍3D打印技术发展的资料，小奔和天天看得目不转睛，心想：不知道是谁拥有这么大的力量，创造了一座如此辉煌的城堡。

4.3 3D打印技术的发展

3D打印技术的发展

2008年，第一个3D打印假肢的横空出世，让3D打印在媒体上的曝光率进一步提高，人们发现3D打印不仅能打印传统零件，还能应用于医疗辅助。

扫描右侧二维码获取更多信息。

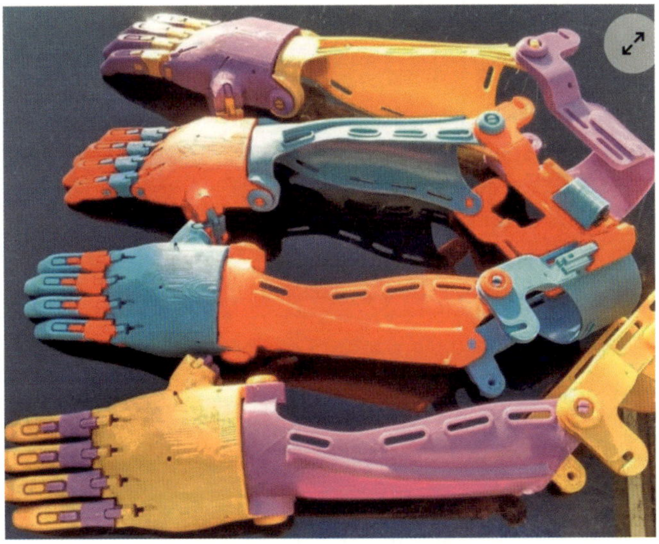

图4-8 3D打印的肢体

3D打印原理

3D打印是添加剂制造技术的一种形式。在添加剂制造技术中，三维对象是通过连续的物理层被创建出来的。

扫描右侧二维码获取更多信息。

参观完历史馆，辛格将军继续说道："在一年前，打印机突然停止工作，再也不能打印出新的人类和我们生活所需的物品，现在城堡中的人类越来越少，生活物资也越用越少，再这样下去，城堡很快就会消失。如果你们能帮助我们把机器修好，国王将会送给你们城堡中最珍贵的礼物！"

任务记录

爱学习的天天将这次任务中的信息都记录在笔记本上。同学们，本节课的任务你们都完成了吗？请将你们的学习情况记录在下面的表格中。

学习与活动	具体内容	自我评价	组内互评
知识与技能	3D打印发展历史	☆☆☆☆☆	☆☆☆☆☆
创造力表现	独立完成本节课任务	☆☆☆☆☆	☆☆☆☆☆
	对教材案例能举一反三	☆☆☆☆☆	☆☆☆☆☆
协作能力	愿意进行小组分工，与同伴一起活动	☆☆☆☆☆	☆☆☆☆☆
	同伴遇到问题时，愿意给予帮助	☆☆☆☆☆	☆☆☆☆☆
问题解决	动手实践，实现自己提出的想法	☆☆☆☆☆	☆☆☆☆☆

第五课 我是3D建模师

原来，在3D打印机停止运转以后，国王也派了许多懂机械的士兵进入机器中检修，可是机器中温度太高，用打印材料制作出来的士兵根本承受不了，他们身体也会渐渐融化。国王束手无策，派出辛格四处搜寻能够维修机器的勇士，并承诺给予丰厚的奖励。

然而，一年过去了，所有进入机器内部维修的人都失败了，而小奔和天天的出现，让辛格喜出望外。小奔与天天的身体结构和城堡中的人类不同，辛格相信他们一定能修好3D打印机，使童话城堡恢复往日的生机。

任务指南

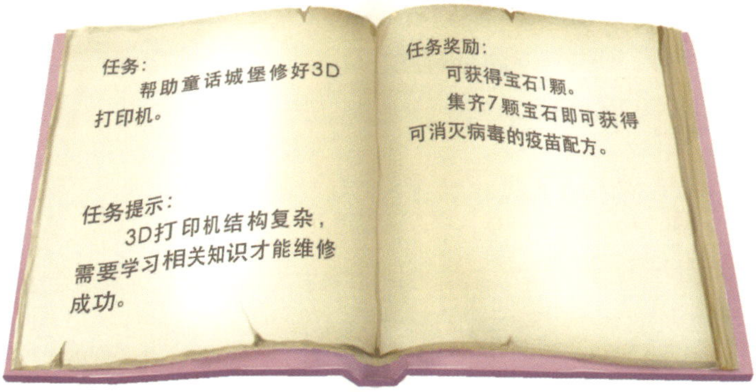

很快，辛格带领士兵将新造好的天梯抬到了3D打印机的下方。

接下来，你们将通过天梯爬进机器的内部，但由于机器温度太高，进入内部后1个小时内你们必须回到地面，否则里面的高温会让你们陷入昏迷。

冒险之旅

小奔带着天天迅速沿着天梯向打印机爬去，中间好几次都差点儿踩空，十分惊险。不知攀爬了多久，小奔和天天终于成功进入机器内部。

进入机器内部后，映入二人眼帘的是一个高科技的实验控制台，其屏幕上不断闪烁着“软件系统故障，请重新启动”的字样。小奔找到启动开关并按了下去，系统重新启动，不一会儿，屏幕就恢复了正常显示，同时系统响起了语音提示：“请根据屏幕指示完成系统软件的激活。”

5.1 3D One基础知识

这时，系统自动打开了一个软件——“3D One”，并显示了相关的介绍。

3D One

是一个基于浏览器的3D设计和建模程序，旨在为各种用户（包括初学者和专家）提供创建项目的方法。

随后，更多关于3D One的信息显示在屏幕上。

5.1.1 认识界面

在电脑桌面上找到 3D One 软件图标，鼠标左键双击图标打开软件，界面如图5-1所示。

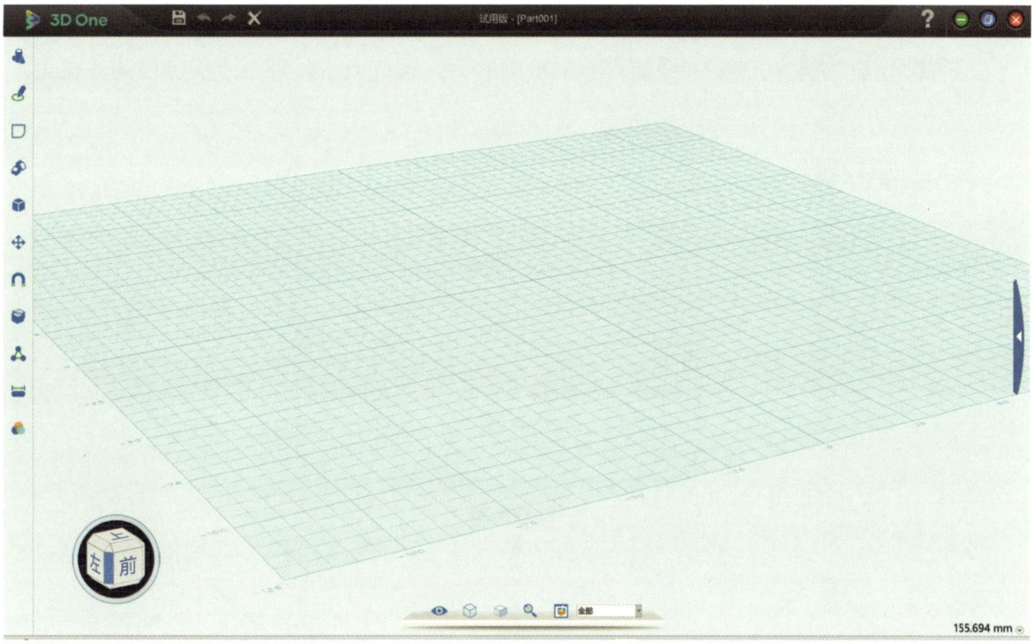

图5-1 3D One界面

让我们一起来认识我们的新伙伴吧！如图5-2所示。

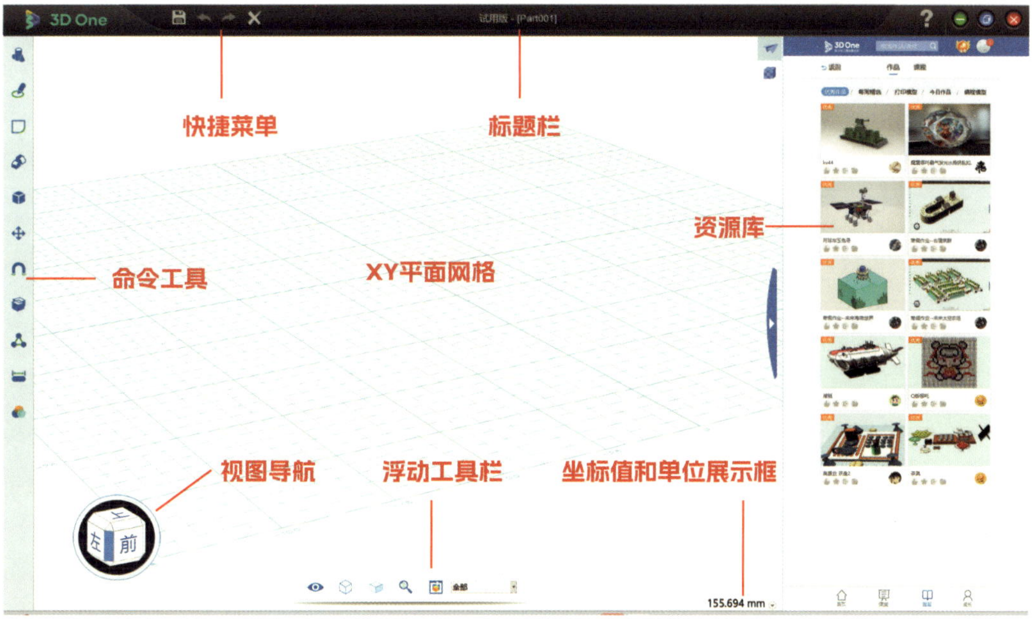

图5-2 3D One界面功能区

“快捷菜单”包含：保存、撤销、重做、删除。

“视图导航”包含：视图导航有26个不同的面，通过点击任意一个面可以调整视角。

5.1.2 掌控鼠标

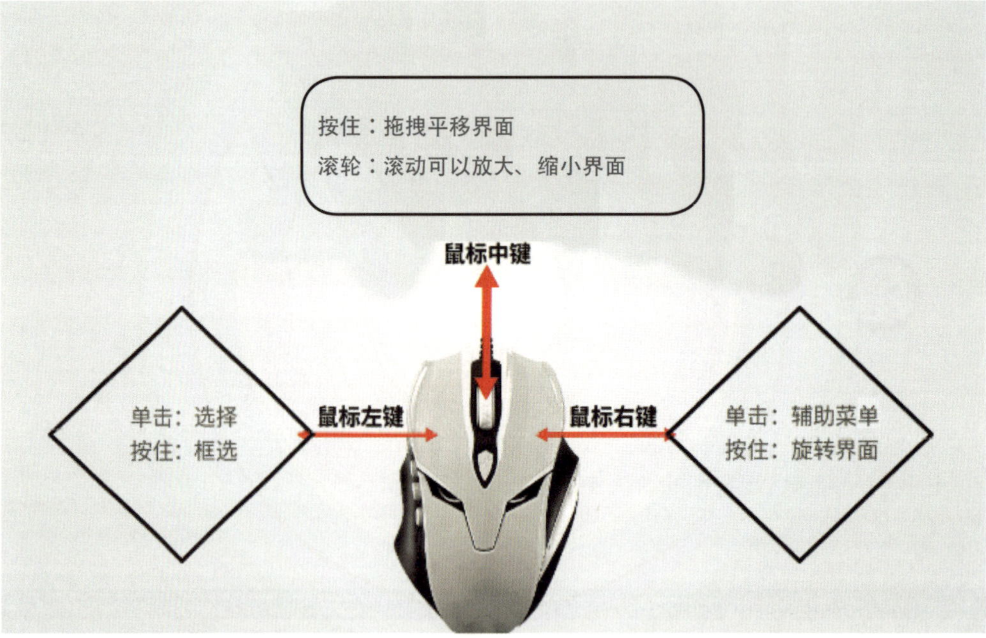

图5-3 3D One鼠标操作

鼠标左键	·单击鼠标左键是选择功能 ·按住鼠标左键移动鼠标，是框选功能
鼠标中键	·滚动中间的滚轮是缩放界面大小的功能 ·按住鼠标中间移动鼠标可平移整个工作区
鼠标右键	·单击鼠标右键是弹出辅助菜单 ·按住鼠标右键移动鼠标是旋转界面功能

5.2 3D One操作

同学们，让我们一起来试一试。请每个人搭建一个自己心目中的城堡。

任务一：寻找原料。在软件右侧打开资源库，找到“创意模型库”，用鼠标左键拖一个模型放在工作区中，左侧可以调整参数，如图5-4所示。

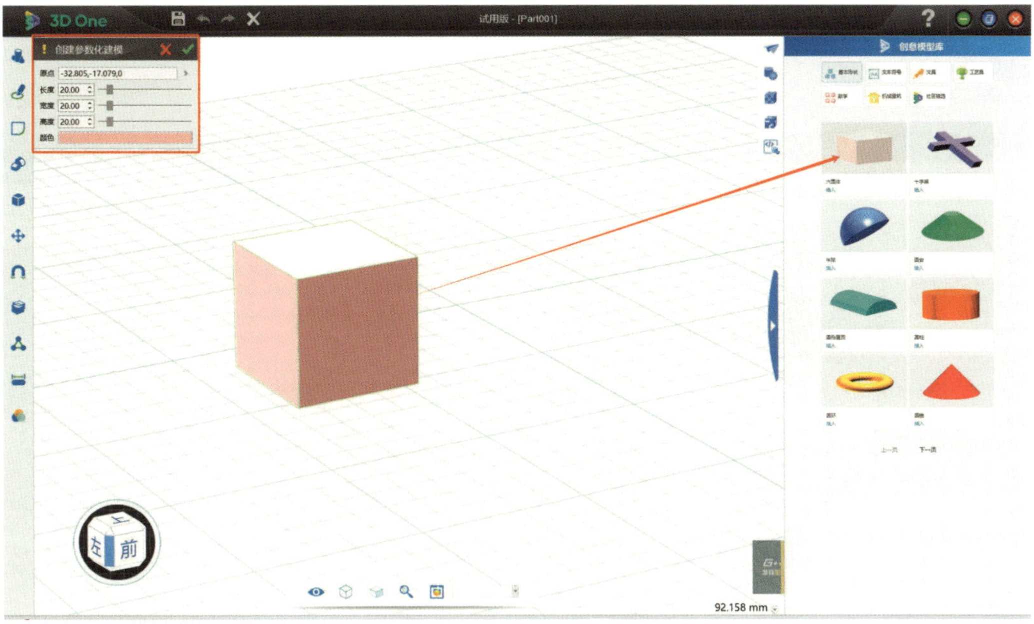

图5-4 3D One创意模型库

任务二：搭建自己的城堡。任务要求：城堡需要有城墙、房子、停车场和绿植。

任务三：上传搭建好的城堡。完成城堡搭建后，在右侧资源库中登录自己的3D One社区账号，如图5-5所示。

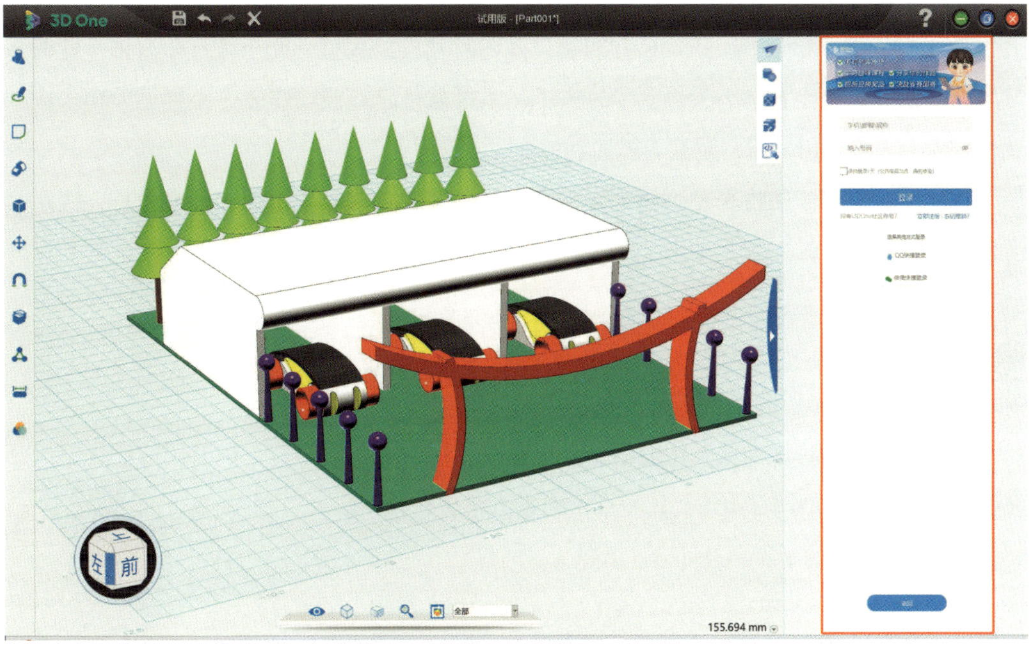

图5-5 3D One账号登录

登录后，选择“一键存储作品”功能，如图5-6 所示，填写重要信息，公开并上传自己的作品。

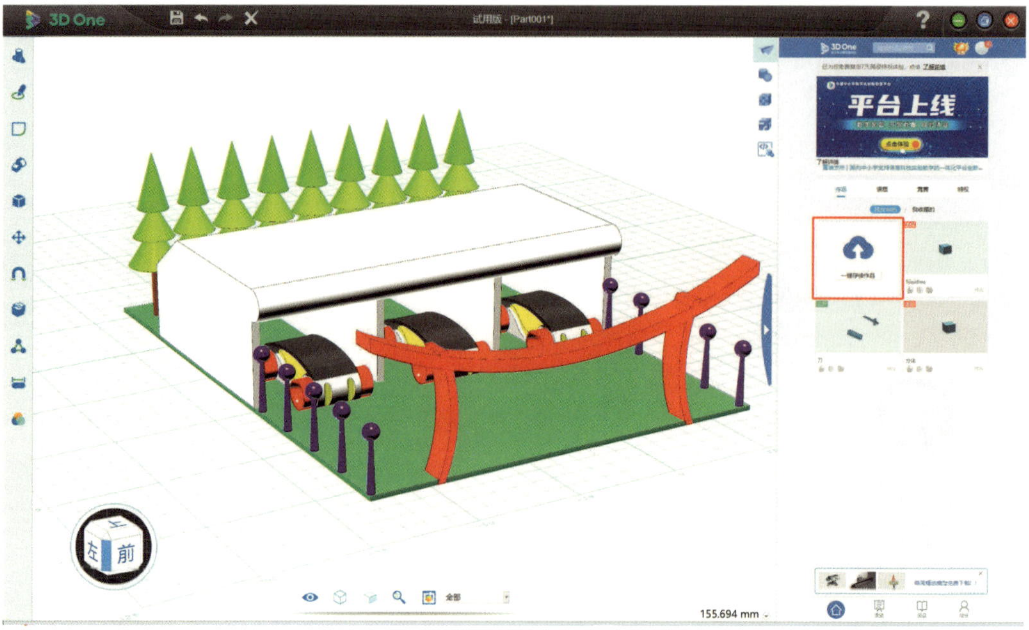

图5-6 作品上传

完成了所有的激活步骤后，屏幕终于显示“软件系统激活成功，系统正在工作”。随后，3D One软件开始运行，人类、建筑物以及各种物资的模型一个个被打印出来。此时，机器内部的高温让小奔和天天快要晕过去了。系统软件已经成功修复，小奔见大功告成，就带着天天大步走出机器，顺着天梯回到地面。

在地面苦等的辛格将军见到两个人平安归来，并成功修复了机器，心中大喜，表示马上要将此事告诉国王。

任务记录

爱学习的天天将这次任务中的信息都记录在笔记本上。同学们，本节课的任务你们都完成了吗？请将你们的学习情况记录在下页的表格中。

学习与活动	具体内容	自我评价	组内互评
知识与技能	3D One的基本操作方法	☆☆☆☆☆	☆☆☆☆☆
创造力表现	独立完成本节课任务	☆☆☆☆☆	☆☆☆☆☆
	对教材案例能举一反三	☆☆☆☆☆	☆☆☆☆☆
协作能力	愿意进行小组分工，与同伴一起活动	☆☆☆☆☆	☆☆☆☆☆
	同伴遇到问题时，愿意给予帮助	☆☆☆☆☆	☆☆☆☆☆
问题解决	动手实践，实现自己提出的想法	☆☆☆☆☆	☆☆☆☆☆

第六课 我是3D打印师

国王得知此事后，非常开心，决定举办盛大的仪式庆祝3D打印机重新启动，可以开始创造更多的人类和建筑物。可是等了很久，却迟迟不见机器启动。辛格将军一看情况不对，赶紧走到小奔的身边，询问他是否确认机器已经修复成功。小奔也非常疑惑，为了保险起见，他决定再次进入机器内部，确认机器是否正常运行。

国王答应了小奔的请求，并命令辛格将军保护两个人的安全，配合他们检查机器。随后，小奔和天天再次使用天梯爬进机器内部。

冒险之旅

有了上次的经验，小奔和天天驾轻就熟，很快就进入了机器内部。只见屏幕上显示“建模完成，请根据提示学习3D打印的流程”。

6.1 3D打印的流程

图6-1 镂空笔筒

同学们，你知道图 6-1 这个漂亮的镂空笔筒是怎么制作出来的吗？需要经过哪几个流程呢？

请同学们思考一个问题：我们在三维建模软件中创建的三维模型是数字化的，是连续的数据，而3D打印机打印实物是一层一层按轮廓堆叠起来的，这中间要经过什么格式转换呢？

3D 打印工艺流程：

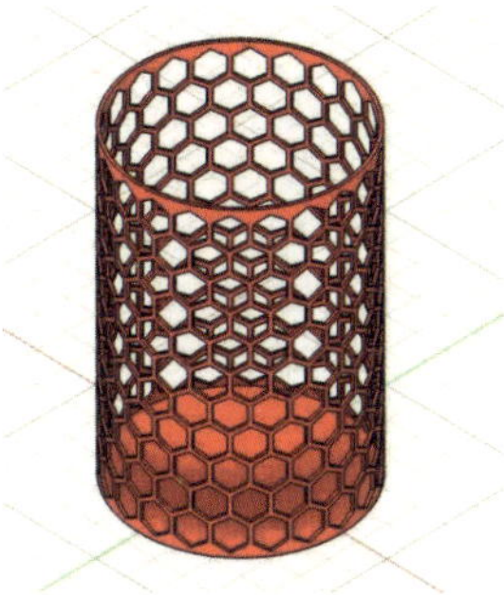

图6-2 三维设计

图6-3 切片分层

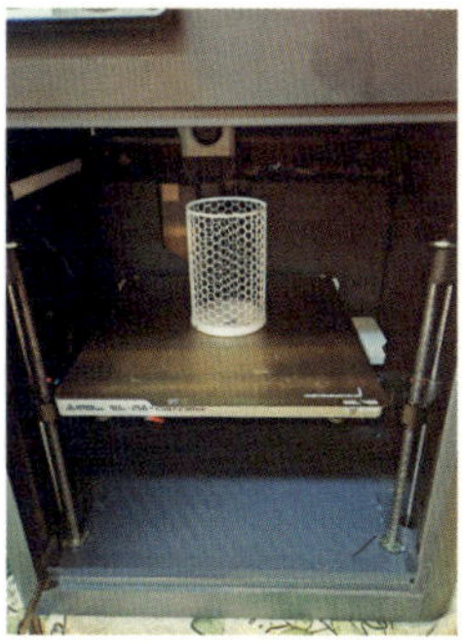

图6-4 打印

6.2 机器准备与打印操作

6.2.1 安装

下面以Bambu打印机为模板进行介绍，实际情况请根据打印机附带的使用说明书进行安装调试。图 6-5为打印机构造图 。

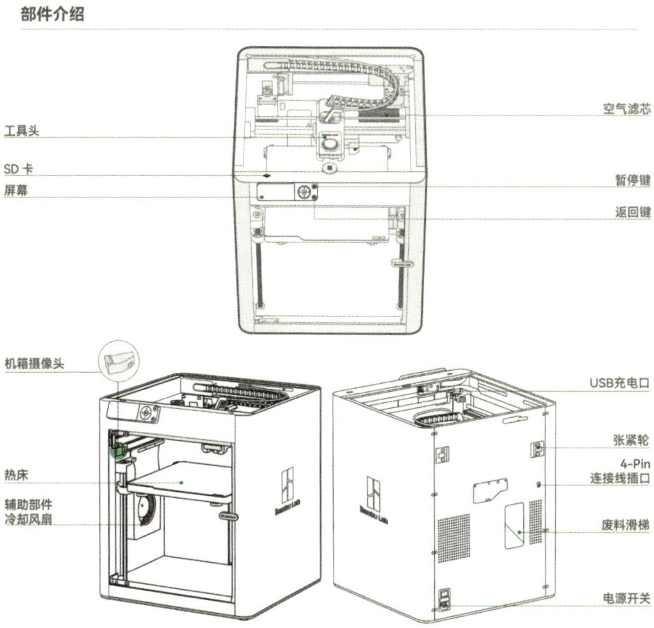

图6-5 打印机构造图

将硬纸板从工具头处移除，将泡沫从废料滑梯处取出，剪断束线带，解锁工具头。

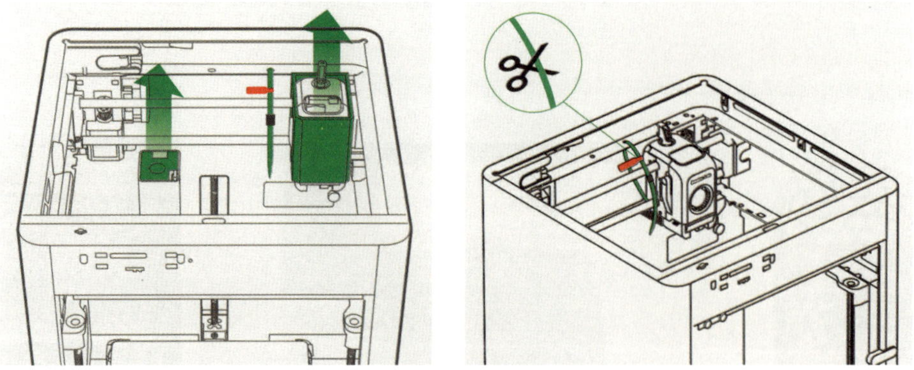

图6-6 拆除固定

如图6-7所示，用六角扳手H2取下螺丝。用配件包里的两颗螺丝将料盘架固定在背板上。

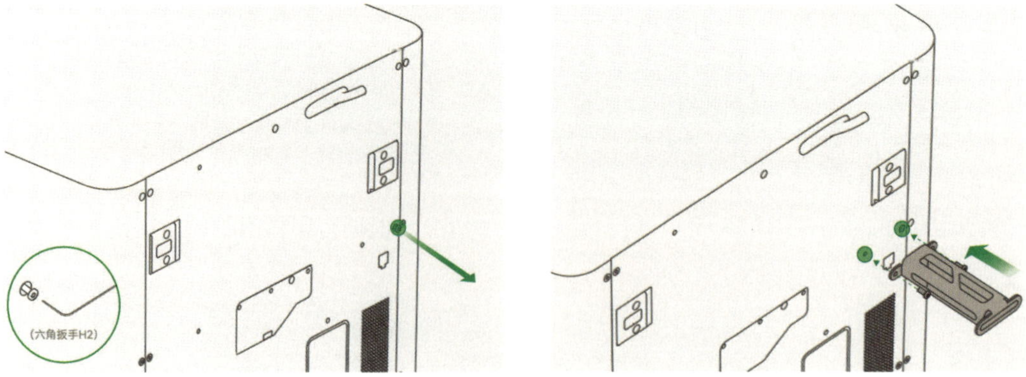

图6-7 固定料架

用六角扳手H2取下图6-8（左）中所示的三颗螺丝，解锁热床如图6-8（右）所示，将屏幕排线插入屏幕连接口。

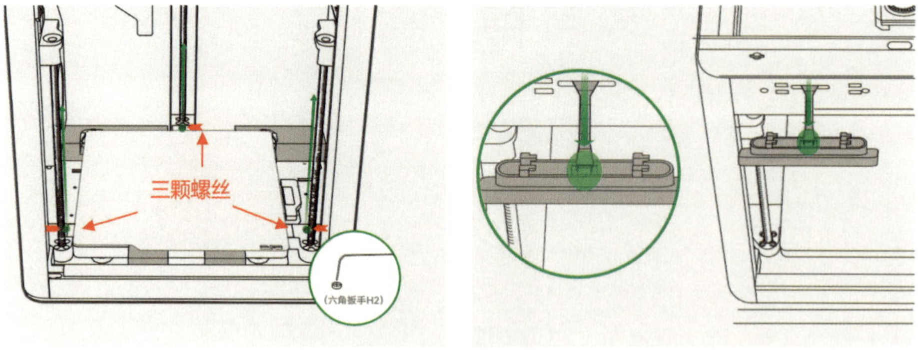

图6-8 解锁热床

如图6-9所示，将屏幕排线向屏幕后方开口处弯曲。将屏幕插回打印机的槽内，并向左推动屏幕将其锁紧。

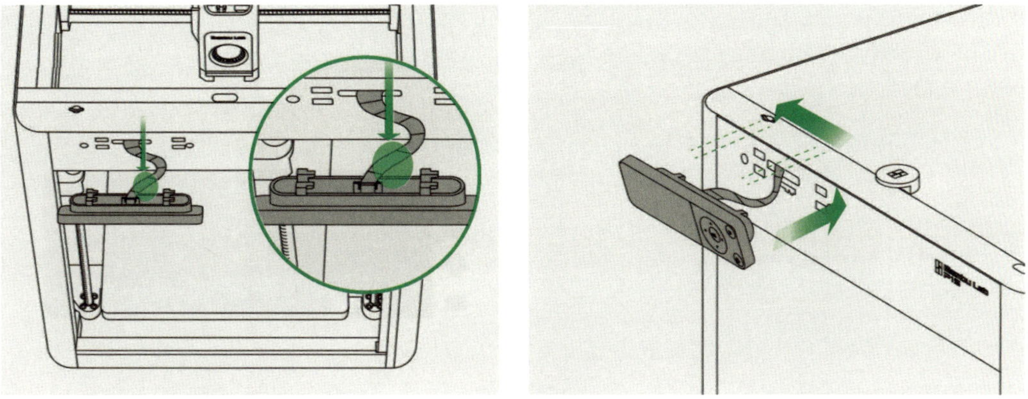

图6-9 安装屏幕

6.2.2 绑定打印机

1. 下载Bambu Handy手机应用，注册Bambu Lab账号并登录。
2. 给打印机通电。根据打印机屏幕显示的指令进行操作，直到出现下图画面。
3. 用Bambu Handy手机应用扫描打印机屏幕上的二维码，将打印机与账户绑定。

图6-10 绑定打印机

6.2.3 送入打印材料

将线材一端插入进料管，向前推送线材直至无法前进，并设置成以下参数。

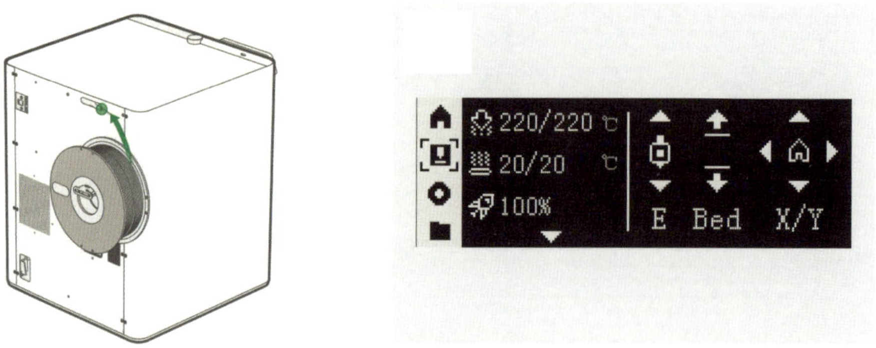

图6-11 参数调整

6.2.4 打印

在电脑上打开“切片”软件，拖入相应的模型文件，设置打印所用的耗材丝、质量、强度、支撑，点击“切片单盘”。切片完成后选择打印机并点击“发送”。如图6-12所示。

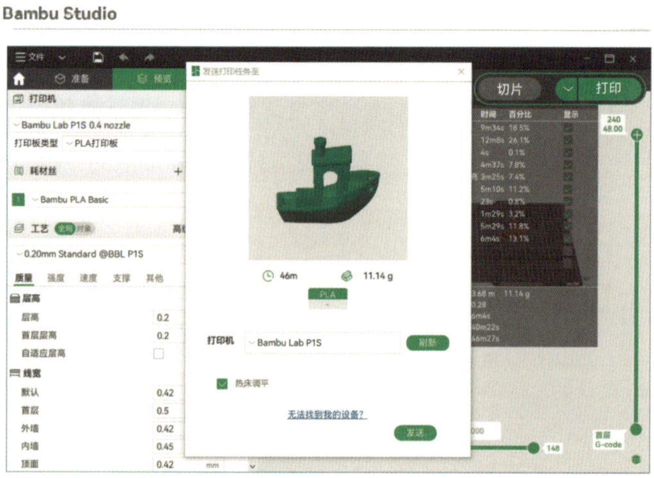

完成模型切片后，选择打印机并发送打印。

图6-12 切片打印

切片

切片是指用软件把模型文件转换成3D打印机动作数据（gcode），将一个实体分成厚度相等的很多层，这是3D打印的基础。

扫描右侧二维码获取更多信息。

6.2.5 后处理

打印完成后不要着急取下打印样品，待平台冷却大约5分钟后，打印物品会自动脱离平台；未冷却时，打印物与平台是黏合的，强行用力取下打印物会导致平台错位。其间不要用手触摸平台与喷头，以免烫伤。

完成了所有的切片工作后，天天按下“打印”按钮，机器传来“轰隆隆”的运转声，整个机器内部开始抖动。小奔知道机器已经运行了，他赶紧和天天沿着天梯回到地面。

看到机器恢复打印了，国王和所有居民全都欢呼起来，小奔和天天一回到地面，国王就紧紧地抱住他俩：“你们真是城堡的救星！没有你们，我们的城堡很快就会消失。”国王说完，命人拿出一个宝盒：“作为你们修复机器的答谢礼，快收下吧！”小奔和天天打开宝盒一看，正是他们要找的宝石。惊喜过后，小奔也将此次修复机器的经验记录在纸上，他告诉国王，如果机器再次损坏，可找不怕烫的人按照上面的方法进行修复。

接下来的日子，小奔和天天在辛格将军的带领下参观了这座美丽的城堡。然而，正当他们沉醉于城堡世界的美景时，《勇士大冒险》却冲出小奔的储物戒指，朝远处飞去。

任务记录

爱学习的天天将这次任务中的信息都记录在笔记本上。同学们，本节课的任务你们都完成了吗？请将你们的学习情况记录在下面的表格中。

学习与活动	具体内容	自我评价	组内互评
知识与技能	切片软件的安装与使用	☆☆☆☆☆	☆☆☆☆☆
	使用3D打印机打印作品	☆☆☆☆☆	☆☆☆☆☆
创造力表现	独立完成本节课任务	☆☆☆☆☆	☆☆☆☆☆
	对教材案例能举一反三	☆☆☆☆☆	☆☆☆☆☆
协作能力	愿意进行小组分工，与同伴一起活动	☆☆☆☆☆	☆☆☆☆☆
	同伴遇到问题时，愿意给予帮助	☆☆☆☆☆	☆☆☆☆☆
问题解决	动手实践，实现自己提出的想法	☆☆☆☆☆	☆☆☆☆☆

第七课 我是激光切割师

小奔与天天匆忙向国王和其他人辞行，在所有人的不舍下离开了城堡，朝着《勇士大冒险》的方向追去。一直追了三天三夜，两个人走到了一片沙漠的中心，《勇士大冒险》终于停了下来，小奔和天天赶紧抓住它。就在此时，指挥官卡伊德诺从书中浮现出来。

看来我不在的这段时间里你们成长了不少，也算是身经百战，越发成熟了。在你们的正下方有一只封印了几万年的上古凶兽，随着时间的推移，封印已经快要被它冲破了，如果凶兽打破封印，将给这个世界带来毁灭性的灾难。现在你们要找到封印的口诀，将凶兽重新封印在地下。

任务指南

卡伊德诺说完后，周围的沙子像水一样地向地下流去，天天和小奔还没缓过神来，也随着流沙一起被吸入了地下，晕了过去。

冒险之旅

天天和小奔醒过来时，发现自己正处在一片荒芜的遗迹中，周围有许多古老的石柱。突然，一阵巨大的咆哮声传来，周围的墙壁和石柱都为之震动。小奔沿着声音传来的方向走去，看到墙壁上有一道石门。两个人用了很大的力气将石门推开，进入了一条隧道，隧道两边的墙壁上有十分精美的图案和文字，正是对上古时期历史的记载。

原来上古时期的人类已经拥有十分先进的科技，但是有一天，一块陨石从天而降掉落到地球上，它的内部孕育了一只可怕的凶兽。很快，这只凶兽肆虐全球，对地球上的人类和动物发动攻击。人类研发了新型的激光武器，才终于将凶兽制服，为了防止它再出来作祟，人们在陨石上刻下封印的口诀，把凶兽封印在了陨石内。随着时间的推移，陨石上刻下的封印口诀已经风化，变得模糊不清，凶兽也随之慢慢苏醒。

再往前走，石壁上就是对这种新型激光武器的介绍文字。

激光

激光是20世纪以来，继原子能、计算机、半导体之后，人类的又一重大发明，被称为“最快的刀”“最准的尺”“最亮的光”和“奇异的光”。它的亮度约为太阳光的100亿倍。

扫描右侧二维码获取更多信息。

7.1 激光切割机的原理

激光切割是通过激光聚焦后产生的高功率密度能量来实现的。在计算机的控制下，脉冲使激光器放电，从而输出受控的重复高频率的脉冲激光，形成一定频率、一定脉宽的光束，该脉冲激光束经过光路传导及反射，通过聚焦透镜组聚焦在加工物体的表面上，形成一个个微小的高能量密度光斑，焦斑位于待加工面附近，以瞬间高温熔化或气化被加工材料。每一个高能量的激光脉冲能够瞬间把物体表面溅射出一个细小的孔，在计算机控制下，激光加工头与被加工材料按预先绘好的图形进行连续相对运动打点，这样就能加工打印出人们想要的物体。

图7-1 激光切割机

切缝时的工艺参数（切割速度、激光器功率、气体压力等）及运动轨迹均由数控系统控制，割缝处的熔渣则会被一定压力的辅助气体吹除。

7.2 随动系统

在大幅面激光切割机中，不同位置的加工高度略有不同，使材料的表面偏离焦距，所以，不同的地方聚集光斑大小不一样，功率密度不一样，不同切割位置的激光切割质量会不一致，达不到激光切割的质量要求。

而切割头采用随动系统可以保证切割头与切割材料的高度一致，从而保证了切割效果。

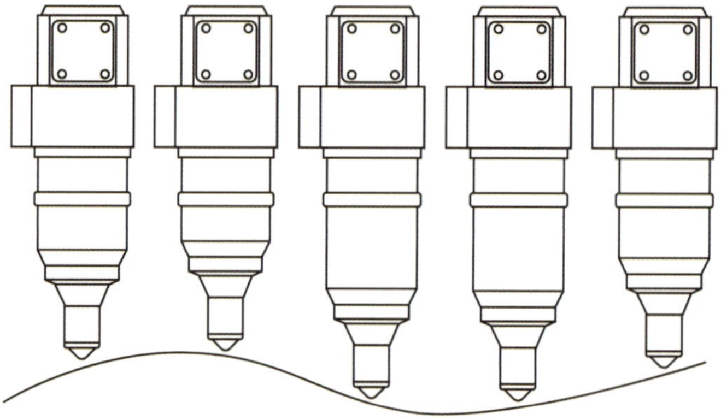

图7-2 激光头随动系统

7.3 辅助气体

在切割过程中必须添加与被切材料相对应的辅助气体。同轴的气体除了可以吹走割缝内的熔渣外，还可以冷却加工物体表面，减少热影响区，冷却聚焦透镜，防止烟尘进入透镜座内污染镜片，防止镜片过热。另外，气体压力和种类的选择对切割也有着较大影响。常见的气体有空气、氧气、氮气。

7.4 切割工艺

切割工艺与以下因素有关：激光模式、激光功率、焦点位置、喷嘴高度、喷嘴直径、辅助气体种类、辅助气体纯度、辅助气体流量、辅助气体压力、切割速度、板材表面质量。

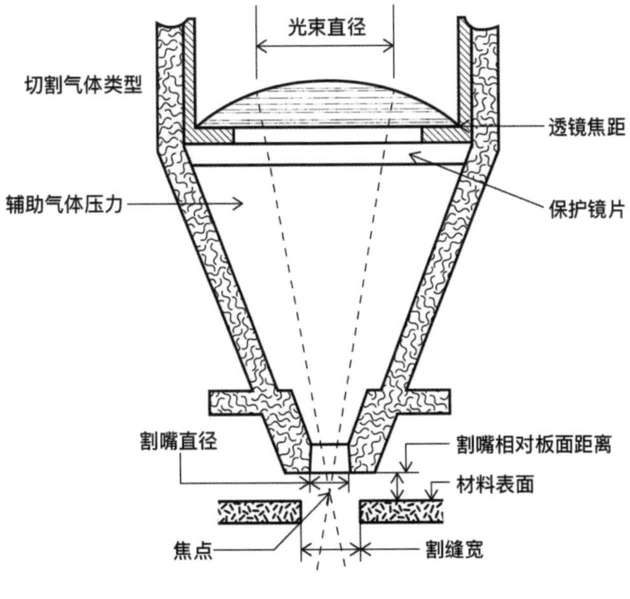

图7-3 切割工艺

7.5 激光切割机切割厚度

激光切割机的作用对象包括不锈钢、碳钢、合金钢、铝板、银、铜、钛等金属材料。不同功率的激光切割机，其切割厚度也不同，应针对不同的金属材料选择合适的切割机。

具体可参见图7-4。

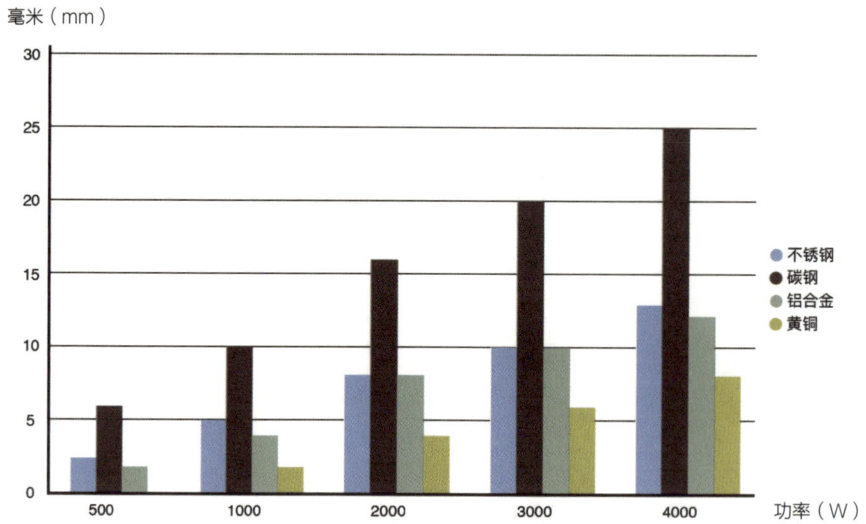

图7-4 激光切割机切割厚度

看完这些，小奔不禁感慨，原来上古时期的人类就已经能制造出如此先进的工具。

原来上古时期就已经有这么先进的文明，人类制造了这么多先进的工具。

小奔，我们也要努力学习，制造出更先进的武器保家卫国！

正当小奔和天天痴迷于墙上的壁画时，凶兽再次发出咆哮声，隧道上方的石头都被震落了下来。眼看隧道就要塌陷，小奔和天天赶紧往外跑，刚跑出隧道，他们就被眼前的景象惊呆了。

任务记录

爱学习的天天将这次任务中的信息都记录在笔记本上。同学们，本节课的任务你们都完成了吗？请将你们的学习情况记录在下面的表格中。

学习与活动	具体内容	自我评价	组内互评
知识与技能	激光切割机的原理	☆☆☆☆☆	☆☆☆☆☆
创造力表现	独立完成本节课任务	☆☆☆☆☆	☆☆☆☆☆
	对教材案例能举一反三	☆☆☆☆☆	☆☆☆☆☆
协作能力	愿意进行小组分工，与同伴一起活动	☆☆☆☆☆	☆☆☆☆☆
	同伴遇到问题时，愿意给予帮助	☆☆☆☆☆	☆☆☆☆☆
问题解决	动手实践，实现自己提出的想法	☆☆☆☆☆	☆☆☆☆☆

第八课
我是AutoCAD软件设计师

小奔和天天刚跑出隧道，后面的隧道就全部坍塌了下来，要是晚一点儿，他们都会埋在隧道中。两个人惊魂未定，抬头一看，前方的景象完全让他们惊呆了：他们面前的空地上，有许多小格子冒着白光，格子的上方还有许多文字。就在这时，卡伊德诺出现在了前方。

现在你们所处的空间是上古文明的遗迹，封印凶兽的口诀就在这个空间中，你们需要按照《勇士大冒险》上面的提示将口诀设计出来，然后装入激光武器中，并使用激光武器将口诀重新刻在陨石上。

任务指南

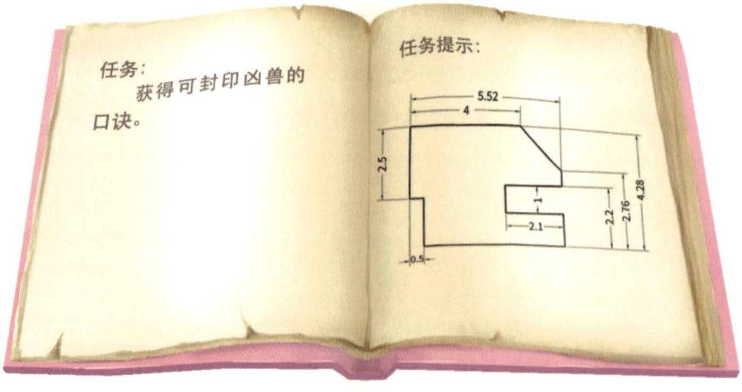

冒险之旅

阅读完《勇士大冒险》中的任务信息，小奔和天天觉得任务提示中的图案就是本次任务的口诀路线，于是他们勇敢地向前迈出一步，跳入第一个格子，空中顿时浮现出对应的文字。

AutoCAD

AutoCAD是一款功能强大的绘图软件，主要应用于计算机中的辅助设计领域，是目前使用最为广泛的计算机辅助绘图软件之一。

扫描右侧二维码获取更多信息。

按照《勇士大冒险》上的指示，小奔和天天每走一步，空中都会有对应的文字介绍浮现出来。

8.1 AutoCAD 2018初探

8.1.1 AutoCAD 2018默认工作界面

在学习AutoCAD 2018之前，首先要了解该软件的操作界面。

第一次启动AutoCAD 2018程序后，在开始界面中单击“开始绘图”链接或“新图形”按钮，进入AutoCAD 2018默认工作界面。该界面主要由标题栏、功能区、绘图区、命令行和状态栏五个部分组成。

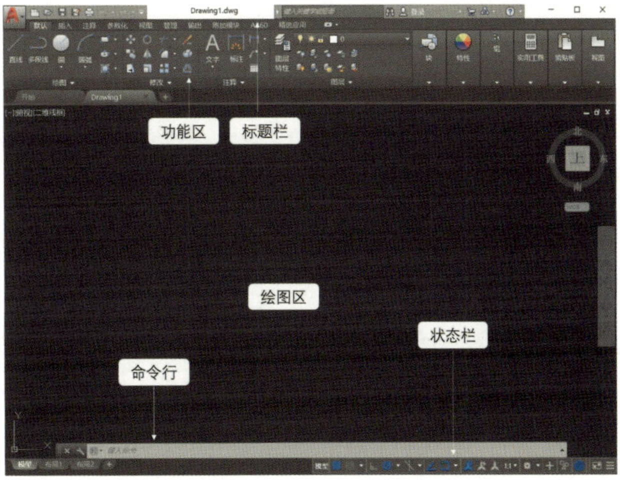

图8-1 AutoCAD 2018默认工作界面

AutoCAD 2018提供了便捷的操作工具，可以帮助用户快速熟悉操作环境，从而提高工作效率。

8.2 AutoCAD 2018工作空间

为满足不同用户的需要，AutoCAD 2018提供了“草图与注释”“三维基础”和“三维建模”三种工作空间模式，用户可以根据需要选择不同的工作空间模式。

“草图与注释”工作空间：默认状态下，启动的工作空间即为“草图与注释”工作空间。该工作空间的功能区提供了大量的绘图、修改、图层、注释等工具。

“三维基础”工作空间：在“三维基础”工作空间中可以方便地绘制基础的三维图形，并且可以通过其中的“修改”面板对图形进行快速修改。

“三维建模”工作空间：“三维建模”工作空间中的功能区提供了大量的三维建模和编辑工具，方便绘制出更多、更复杂的三维图形，也可以对三维图形进行修改、编辑等操作。

8.3 AutoCAD 2018坐标定位

AutoCAD的对象定位，主要由坐标系进行确定。使用AutoCAD的坐标系，首先要了解AutoCAD坐标系的概念和坐标的输入方式。

8.3.1 认识AutoCAD的坐标系

坐标系由X、Y、Z轴和原点构成，AutoCAD中包括笛卡尔坐标系统、世界坐标系统和用户坐标系统三种坐标系统。

在AutoCAD中使用各种命令时，通常需要提供与该命令相应的指示与参数，以便指引该命令所要完成的工作或动作执行的方式和位置等。

在绘制图形时，直接使用鼠标虽然便于制图，但不能进行精确的定位。精确的定位需要通过采用键盘输入坐标值的方式来实现，常用的坐标类型包括绝对直角坐标、相对直角坐标、绝对极坐标和相对极坐标。

8.4 AutoCAD 建模

AutoCAD提供了一系列绘图命令，包括二维图形和三维图形的绘制。接下来，我们以二维基本图形的绘制方法，如点、直线、矩形、圆的绘制来进行讲解。

8.4.1 绘制点对象

绘制点的命令包括Point（点）、Measure（定距等分点）和Divide（定数等分点）命令，用户还可以根据需要设置点的样式。

在AutoCAD中，绘制点对象的操作包括单点和多点的操作。

（1）命令调用方式。

第一种：输入Point（简化命令PO）并确定。

第二种：选择“绘图”—“点”—“单点”命令。

（2）绘制多点。

第一种：单击“绘图”面板中的“多点”按钮。

第二种：选择“绘图”—“点”—“多点”命令。

8.4.2 绘制直线

“直线”命令是最基本、最简单的直线型绘图命令。使用“直线”命令可以在两点之间绘制正交线段和斜线段。

命令调用方式有三种：

第一种：输入Line（简化命令L）并确定。

第二种：选择“绘图”—“直线”命令。

第三种：单击“绘图”面板中的“直线”按钮。

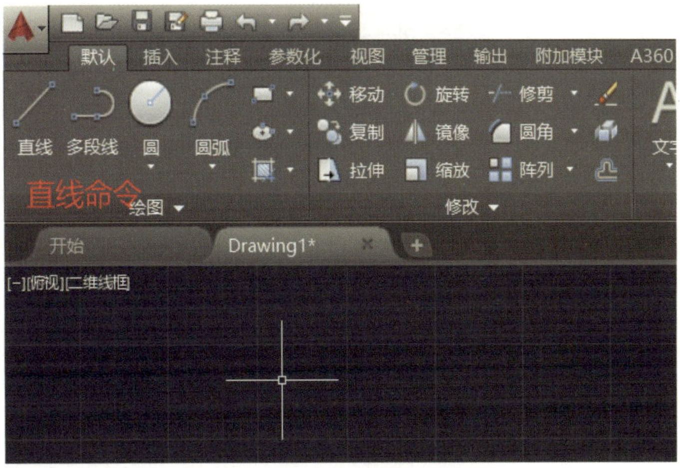

图8-2 绘制直线

8.4.3 绘制矩形

使用“矩形”命令可以通过单击鼠标指定两个对角点的方式绘制矩形，也可以通过输入坐标指定两个对角点的方式绘制矩形。当矩形的各边长相同时，则生成正方形。

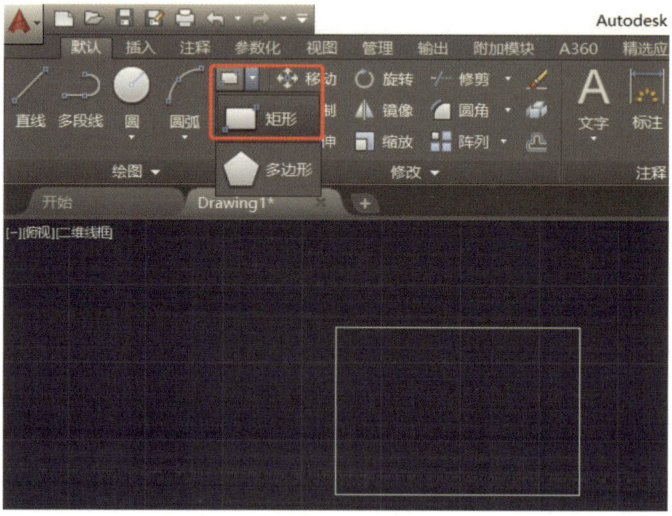

8.4.4 绘制圆

在默认状态下，圆的绘制方式是先确定圆心，再确定半径。用户也可以通过指定两点确定圆的直径或是通过三点确定圆等方式绘制圆。

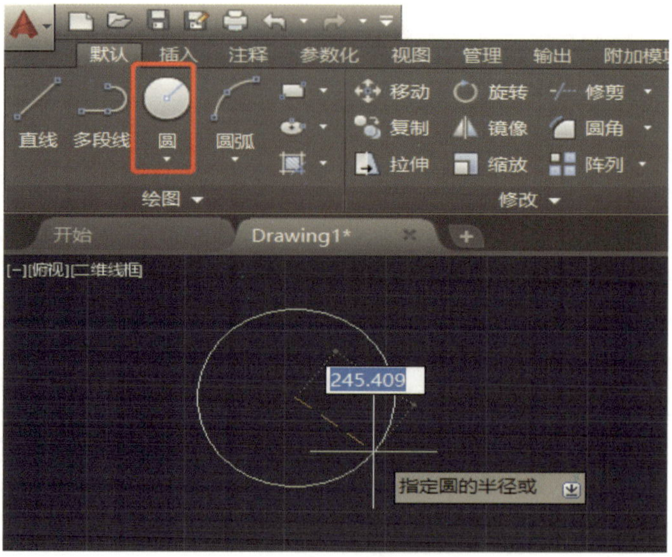

图8-4 绘制圆

小奔和天天按照任务提示中的路线走完了全部的方格，只见他们走过的方格纷纷飘向空中，汇聚成一个小球慢慢地向前方飞去。小奔和天天紧随其后，沿着小球飞走的方向跑去。

任务记录

爱学习的天天将这次任务中的信息都记录在笔记本上。同学们，本节课的任务你们都完成了吗？请将你们的学习情况记录在下面的表格中。

学习与活动	具体内容	自我评价	组内互评
知识与技能	熟悉AutoCAD基础界面	☆☆☆☆☆	☆☆☆☆☆
	使用AutoCAD绘制简单的图形	☆☆☆☆☆	☆☆☆☆☆
创造力表现	独立完成本节课任务	☆☆☆☆☆	☆☆☆☆☆
	对教材案例能举一反三	☆☆☆☆☆	☆☆☆☆☆
协作能力	愿意进行小组分工，与同伴一起活动	☆☆☆☆☆	☆☆☆☆☆
	同伴遇到问题时，愿意给予帮助	☆☆☆☆☆	☆☆☆☆☆
问题解决	动手实践，实现自己提出的想法	☆☆☆☆☆	☆☆☆☆☆

第九课 我是问题检测师

小奔和天天跟着小球向前跑去，越往前跑，凶兽的咆哮声就越大。穿过一片山谷后，一台巨大的激光武器出现在两个人的眼前，而在武器的下方，一头巨大的凶兽正在努力冲破困住自己的陨石，试图逃脱封印的束缚。在凶兽的冲击下，陨石开始破裂，眼看支撑不了多长时间了。

任务指南

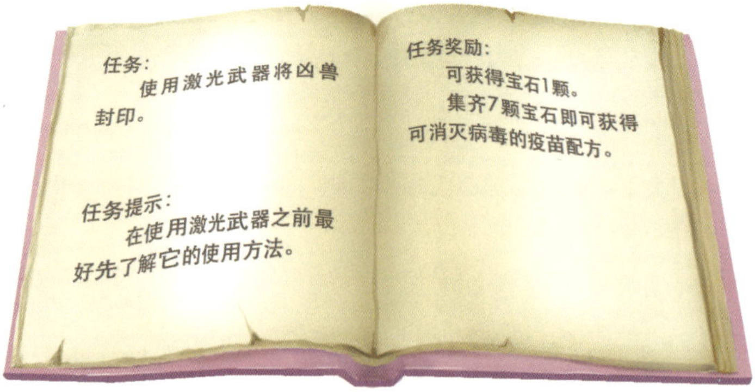

冒险之旅

小奔和天天合力将小球放入激光武器中，将武器对准陨石，准备发射。可刚按下开关，两个人就被一股巨大的能量弹开，小球却纹丝不动。这是怎么回事？为什么激光武器不能正常发射呢？正当小奔和天天仔细研究激光武器的发射方法时，旁边的石壁抖动了起来，上面慢慢地显现出了激光武器的使用方法。

9.1 注意事项

1. 使用自动测焦功能时，要注意，自动测焦棒必须紧固，否则工作台面将顶到激光头，致使其脱离轨道。

2. 在激光雕刻机工作时，禁止打开机盖（顶盖及前盖），否则激光将停止发射，影响加工质量。

3. 加工工件时，必须打开排烟及吹烟设备，以免烟尘污染聚焦镜片和反射镜片，影响镜片聚焦和反射，从而间接影响加工强度和加工精度。

4. 加工木质、纸质工件时，必须密切注意加工速度和加工强度，避免因速度过慢、强度过高而产生火焰。火焰将损坏聚焦镜片，轻则影响加工强度、加工精度，重则导致机器无法使用。

5. 初期使用者进行不规则工件加工时，必须首先进行红光定位，以确定加工位置是准确无误的，否则容易产生废品。

6. 加工薄木板、纸板等易变形材料时，要调整变形幅度，使水平差小于1毫米，以避免焦距差过大，影响加工精度。

7. 进行切割加工时，要使工件架离工作台面2厘米以上，以避免激光反射对工件背面造成损坏，产生废品。

8. 反射镜片及聚焦镜片的清洁：两个手指捏住反射镜片，另一只手用照相镜头清洁纸蘸取清洁液，轻轻拖拽过镜片表面，禁止用手指压迫镜面，从而出现划伤。

9.2 使用小妙招

1. 如何提升效率？在大量制作同规格的小尺寸产品时，X方向最大宽度应小于300毫米，这样可以使激光头的往返速度较快，从而提高生产速度。在雕刻点阵图时，可适当降低分辨率，以加快速度。

2. 提前定位。一般激光雕刻机的标准配置中有红光定位设备，在加工不规则产品时，应首先用红光定位观察雕刻位置是否准确，再正式进行加工。

3. 发现机器无激光。先检查上盖、前门的磁性开关及其路线有无松动、脱落，再检查反射镜片、聚焦镜片有无问题。如不是以上原因，必须与维修人员联系，不能自行处理。

4. 发现雕刻字体变形，依次按以下步骤进行检查与处理：

（1）若机头小车滑轮磨损严重，造成机头小车松动，则需更换滑轮。

（2）若Y轴方向左右两侧皮带张力不一样，则需调整Y轴后端的六角螺丝至张力一致。

（3）若X轴左侧从动轮磨损，则需更换从动轮。

（4）若X轴电机发生故障，则需更换电机。

（5）若X轴电机与皮带轮的紧固螺丝松动，则需拧紧螺丝。

5. 若雕刻机出现乱刻情况，可能是由于内存条接触不良或损坏，应重新安装内存条或更换内存条。

6. 计算机接口要设置为SPP。

7. 数据线要远离干扰源。

8. 计算机与激光雕刻机最好用同一个插座，以避免出现电位差。

9. 若功率突然减小，一般为激光管故障，只能返厂维修。

10. 若功率逐渐减小，首先应检查反射镜片及聚焦镜片是否干净，光路正不正。如无以上问题，应及时与维修人员联系。

11. 在大面积雕刻、切割时，出现深浅不一的情况，若不是材料问题，则是光路不正。

12. 自动测焦棒失灵多是由于与其连接的扁平电缆损坏，更换后可正常使用。

小奔和天天根据石壁上的指示重新来到激光武器面前，仔细调整了武器的各项参数，对准陨石并按下开关。小球以极快的速度飞入陨石内部，刹那间，陨石发出耀眼的光芒，而凶兽在光芒的照耀下渐渐安静下来。

随后，一颗闪亮的宝石慢慢地从陨石内部飞到小奔的面前，这正是疫苗宝石！小奔和天天喜出望外，赶紧将宝石收起来。任务大功告成！小奔和天天根据石壁上的指示来到传送台，准备去往下一个未知的世界。

任务记录

爱学习的天天将这次任务中的信息都记录在笔记本上。同学们，本节课的任务你们都完成了吗？请将你们的学习情况记录在下页的表格中。

学习与活动	具体内容	自我评价	组内互评
知识与技能	激光切割机常见问题及处理方法	☆☆☆☆☆	☆☆☆☆☆
创造力表现	独立完成本节课任务	☆☆☆☆☆	☆☆☆☆☆
	对教材案例能举一反三	☆☆☆☆☆	☆☆☆☆☆
协作能力	愿意进行小组分工，与同伴一起活动	☆☆☆☆☆	☆☆☆☆☆
	同伴遇到问题时，愿意给予帮助	☆☆☆☆☆	☆☆☆☆☆
问题解决	动手实践，实现自己提出的想法	☆☆☆☆☆	☆☆☆☆☆

第十课 Linux探索

据说当年陨石撞击地球时，在地面上留下了一个大坑，经历恐龙时代和古猿人时代，渐渐形成了一座迷宫。迷宫中藏着一件神秘的宝物，吸引了很多爱探险的人，但是进去的人没有一个能成功走出来。

小奔和天天使用传送台刚好来到了迷宫的入口处。只见这个神秘的迷宫一共有两个入口，小奔和天天顿时犹豫了，不知道从哪个入口进去。正在这时，指挥官卡伊德诺出现了。

之前的任务都是你们两个人一起合力完成的，这次的任务需要你们各自单独完成。看到前面的迷宫了吗？你俩需要分别从不同的入口进入，在迷宫中找到出口的线索，然后在出口处会合，合力打开出口，才能找到迷宫中的宝物。

任务指南

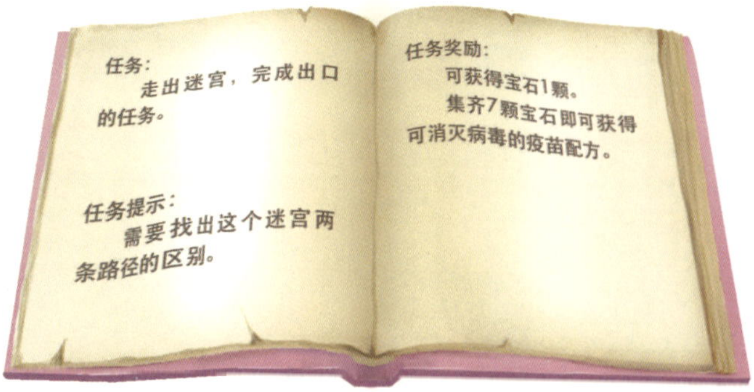

冒险之旅

小奔和天天分别从不同的入口进入迷宫，可是这座迷宫却和一般的迷宫不一样，里面有许多小房间，每个房间的形状、大小都不一样。所有房间的上方都印着一串英文字符“Linux”。小奔在迷宫里四处寻找线索，几乎跑遍了所有的房间，才对这个迷宫的基本结构有了一定的了解。

Linux操作系统

Linux操作系统是管理计算机硬件资源，控制其他程序运行并为用户提供交互操作界面的系统软件的集合。

扫描右侧二维码获取更多信息。

10.1 Linux系统组成

Linux系统一般由内核、Shell、文件系统和应用程序四个主要部分组成。内核、Shell和文件系统一起形成了基本的操作系统结构，使得用户可以运行程序、管理文件并使用系统。

10.1.1 内核

内核是操作系统的核心，具有许多基本功能，如虚拟内存、多任务、共享库、需求加载、可执行程序和TCP/IP网络功能。Linux内核主要模块分为存储管理、CPU和进程管理、系统文件、设备管理和驱动、网络通信、系统的初始化和系统调用等部分。

10.1.2 Shell

Shell是系统的用户界面，提供了用户与内核进行交互操作的一种接口。它接收用户输入的命令并把命令送入内核去执行。

10.1.3 文件系统

文件系统是文件存放在磁盘等存储设备上的组织方法，Linux系统支持很多目前流行的文件系统，如EXT2、ERT3、FAT、FAT32、VFAT和ISO9660等。

10.1.4 应用程序

标准的Linux系统都有一套成为应用程序的程序集，它包括文本编辑器、汇编语言、X Window、办公软件、Internet工具和数据库等。

10.2 Linux目录结构

图10-1 Linux图标

/bin（binaries）：存放系统命令的目录，所有用户都可以执行。

/sbin（super user binaries）：保存和系统环境设置相关的命令，只有超级用户可以使用这些命令，有些命令允许普通用户查看。

/root：存放root用户的相关文件，root用户的家目录、宿主目录。

/home：用户缺省宿主目录 eg:/home/spark。

/tmp（temporary）：存放临时文件。

/usr（unix software resource）：系统软件共享资源目录，存放所有命令、库、手册页等。

/boot：系统启动目录。

/dev（devices）：存放设备文件。

/lib：存放系统程序运行所需的共享库。

/var（variable）：动态数据保存位置，包含经常发生变动的文件，如邮件、日志文件、计划任务等。

小奔终于走过了最后一个房间，在出口处刚好与天天会合。可是出口的大门却一直紧闭着，原来只有完成最后一项任务才能完全打开迷宫的出口，那就是将这个迷宫的两条路径进行对比，找出两者之间所存在的区别。小奔和天天赶紧将自己所走路径的信息写在出口的大门上。

10.3 Linux和Windows的区别

目前国内 Linux 更多应用于服务器上，而Windows更多应用于桌面操作系统。二者主要区别如下：

特性	Windows	Linux
界面	界面统一，外壳程序固定，所有Windows程序菜单几乎一致，快捷键也几乎相同	图形界面风格依发布的版本不同而不同，可能互不兼容。GNU/Linux 的终端机是从 UNIX 传承下来的，基本命令和操作方法也几乎一致
驱动程序	驱动程序丰富，版本更新频繁。默认安装程序里面一般包含有该版本发布时流行的硬件驱动程序，之后所出的新硬件驱动依赖于硬件厂商提供。对于一些老硬件，如果没有原配的驱动，有时很难支持。另外，有时硬件厂商未提供所需版本的 Windows 下的驱动，也会令用户比较头痛	由志愿者开发，由 Linux 核心开发小组发布，很多硬件厂商基于版权考虑并未提供驱动程序，尽管多数驱动程序无须手动安装，但是一旦涉及安装则相对复杂，这使得新用户面对驱动程序问题（是否存在和安装方法）会一筹莫展。但是在开源开发模式下，许多老硬件尽管Windows支持也难以找到驱动。随着HP、Intel、AMD 等硬件厂商逐步不同程度地支持开源驱动，该问题正在得到缓解
使用感受	使用比较简单，容易入门。图形界面对没有计算机背景知识的用户十分有利	图形界面使用简单，容易入门。文字界面相对复杂，需要学习才能掌握

（续表）

特性	Windows	Linux
学习掌握度	系统构造复杂，变化频繁，且知识、技能淘汰快，深入学习困难	系统构造简单、稳定，且知识、技能传承性好，深入学习相对容易
软件功能	每一种特定功能可能都需要商业软件的支持，需要购买相应的授权	大部分软件都可以自由获取，同样功能的软件选择较少

小奔和天天完成全部任务后，迷宫的出口终于打开了，一颗耀眼的宝石出现在两个人的眼前。小奔上前取下宝石的瞬间，身后的迷宫轰然倒塌，变为一片废墟。拿到宝石后，小奔和天天重新回到传送台。可是，传送台却没有任何反应，难道他们要被关在上古遗迹中吗？

天天，难道我们要被关在这里，出不去了吗？

小奔，别着急，一定会有办法出去的。

任务记录

爱学习的天天将这次任务中的信息都记录在笔记本上。同学们，本节课的任务你们都完成了吗？请将你们的学习情况记录在下面的表格中。

学习与活动	具体内容	自我评价	组内互评
知识与技能	Linux系统的深入学习	☆☆☆☆☆	☆☆☆☆☆
创造力表现	独立完成本节课任务	☆☆☆☆☆	☆☆☆☆☆
	对教材案例能举一反三	☆☆☆☆☆	☆☆☆☆☆
协作能力	愿意进行小组分工，与同伴一起活动	☆☆☆☆☆	☆☆☆☆☆
	同伴遇到问题时，愿意给予帮助	☆☆☆☆☆	☆☆☆☆☆
问题解决	动手实践，实现自己提出的想法	☆☆☆☆☆	☆☆☆☆☆

第十一课 Arduino探索

小奔和天天在传送台附近寻找回到地面的方法，只见传送台旁边的石壁上有两个凹下去的印记。小奔用手按下印记，可传送台却没有反应。正在他们一筹莫展时，卡伊德诺又浮现在空中给他们指明方向。

上古社会有着高度发达的文明，可是一切都在一场与外星文明的斗争中被毁灭了，但是他们遗留下来两块非常重要的智能芯片。芯片里面记录了上古时期的科学技术。现在，你们需要在遗迹中找到这两块芯片，放回到印记上，才能回到现实社会。

任务指南

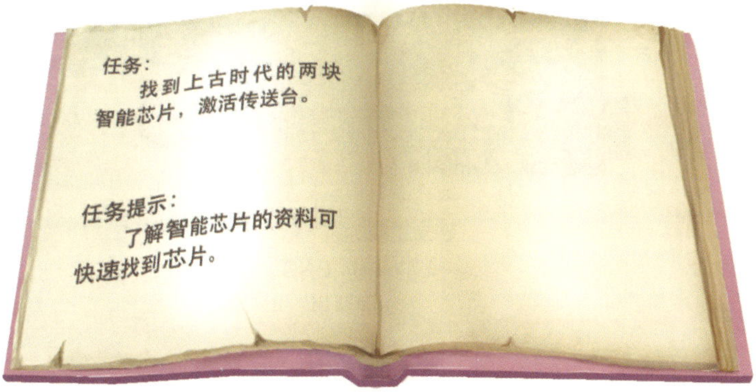

冒险之旅

地下遗迹这么大，该去哪儿找这两块智能芯片呢？还好《勇士大冒险》中对这两块芯片有简单的介绍，小奔和天天认真查看关于这两块芯片的介绍，首先是第一块芯片——Arduino。

Arduino

Arduino是一个开放源代码的单芯片微控制器，它使用了Atmel AVR单片机，采用了开放源代码的软硬件平台，建构于简易输出/输入（simple I/O）界面板，并且具有使用类似Java、C语言的Processing/Wiring开发环境。

扫描右侧二维码获取更多信息。

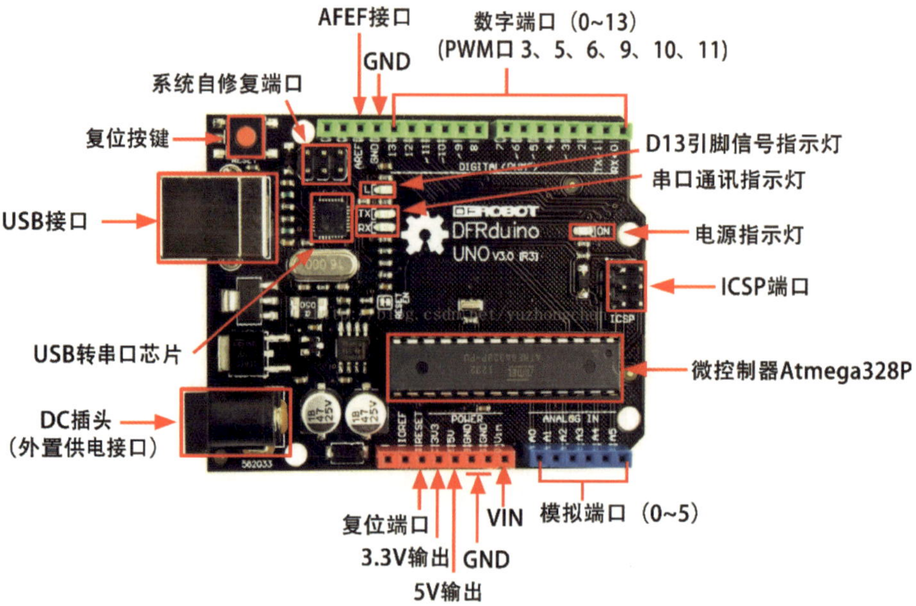

图11-1 Arduino UNO端口

11.1 Arduino常用语句指令

11.1.1 常量

HIGH | LOW 用于显示数字IO口的电平，HIGH 表示高电平（1），LOW 表示低电平（0）。

INPUT | OUTPUT 用于显示数字IO口的方向，INPUT 表示输入，OUTPUT 表示输出（AVR能提供5V电压，40mA电流）。

true | false 用于显示真 / 假，true表示真（1），false表示假（0）。

11.1.2 结构

void setup（）：初始化变量，管脚模式，调用库函数（也可放在开头）等。

void loop（）：连续执行函数内的语句。

11.1.3 数字I/O

pinMode（pin，mode）：数字IO口输入 / 输出模式定义函数，pin表示为0～13，mode表示为INPUT或OUTPUT。

digitalWrite（pin，value）：数字IO口输出电平定义函数，pin表示为0～13，value表示为HIGH或LOW。比如定义HIGH可以驱动LED。

int digitalRead（pin, value）：数字IO口读取输入电平函数，pin表示为0～13，value表示为HIGH或LOW。

11.1.4 模拟I/O

int analogRead（pin）：模拟IO口读取函数，pin表示为0～5（Arduino Diecimila为0～5，Arduino nano为0～7）。

analogWrite（pin，value）– PWM：数字IO口PWM输出函数，Arduino数字IO口标注了PWM的IO口可使用该函数，pin表示3，5，6，9，10，11，value表示为0～255。

11.1.5 时间函数

unsigned long millis（ ）：返回时间函数（单位：ms），该函数是指当程序运行就开始计时并返回记录的参数。

delay（ms）：延时函数（单位：ms）。

delayMicroseconds（us）：延时函数（单位：us）。

11.1.6 数学函数

min（x，y）：求最小值。

max（x，y）：求最大值。

abs（x）：计算绝对值。

constrain（x，a，b）：约束函数，下限a，上限b，x必须在a与b之间才能返回。

map（value，fromLow，fromHigh，toLow，toHigh）：约束函数，value必须在fromLow与toLow之间和fromHigh与toHigh之间。

pow（a，x）：开方函数，a的x次方。

sq（x）：x平方。

sqrt（x）：开根号。

11.1.7 随机数函数

ong random（max）：随机数函数，返回数据大于等于0，小于max。

long random（min，max）：随机数函数，返回数据大于等于min，小于max。

11.2 程序设计软件

Arduino IDE是一款专业的Arduino开发工具，主要用于Arduino程序的编写和开发，拥有开放源代码的电路图设计，支持ISP在线烧录，同时支持Flash、Max/Msp、VVVV、PD、C、Processing等多种程序兼容的特点。Arduino IDE界面如图11-2所示。

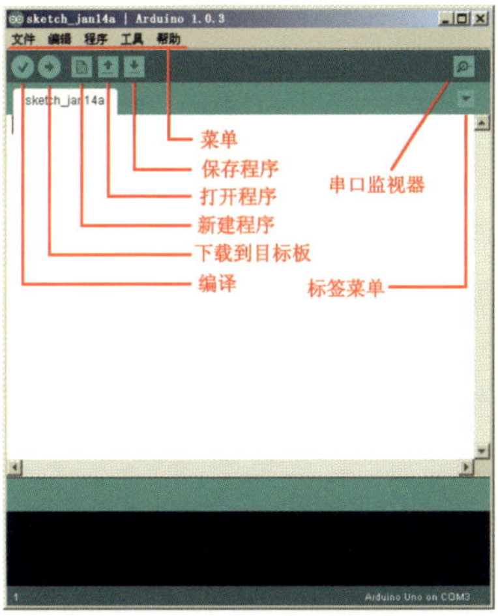

图11-2 Arduino IDE界面

11.3 使用案例

如果要编写一个控制LED亮灭的程序，可进行如下程序设计：

```
int pin = 5; //连接LED的IO脚
void setup（ ）{
 pinMode（pin，OUTPUT）; //设置管脚为输出模式
}
void loop（ ）{
 digitalWrite（pin，HIGH）; //将管脚设置为高电平，则LED灯亮
 delay（1000）; //等待1000毫秒
 digitalWrite（pin，LOW）; //将管脚设置为低电平，则LED灯灭
 delay（1000）; //等待1000毫秒
}
```

在掌握了Arduino的所有资料后，小奔和天天很快就在遗迹的角落中找到了Arduino芯片。接下来，两个人动身去寻找第二块芯片。

任务记录

爱学习的天天将这次任务中的信息都记录在笔记本上。同学们，本节课的任务你们都

完成了吗？请将你们的学习情况记录在下面的表格中。

学习与活动	具体内容	自我评价	组内互评
知识与技能	Arduino基础知识	☆☆☆☆☆	☆☆☆☆☆
	Arduino基本指令	☆☆☆☆☆	☆☆☆☆☆
创造力表现	独立完成本节课任务	☆☆☆☆☆	☆☆☆☆☆
	对教材案例能举一反三	☆☆☆☆☆	☆☆☆☆☆
协作能力	愿意进行小组分工，与同伴一起活动	☆☆☆☆☆	☆☆☆☆☆
	同伴遇到问题时，愿意给予帮助	☆☆☆☆☆	☆☆☆☆☆
问题解决	动手实践，实现自己提出的想法	☆☆☆☆☆	☆☆☆☆☆

第十二课 Kicad探索

在找到第一块芯片后，小奔和天天备受鼓舞，接着在遗迹中寻找第二块芯片。在寻找的过程中，他们还发现了许多上古文明留下来的科技产品和技术，小奔将它们全部收集到储物戒指中。可是任凭他们将遗迹翻了个底朝天，也没找到第二块芯片。于是，二人调出第二块芯片的资料，仔细研究起来。

Kicad

Kicad是一套工具的名称，也是工程管理器的名称。Kicad用于绘制PCB，由工程管理器（Kicad）、原理图编辑器（Eeschema）、元器件库编辑器（Library editor）、PCB图编辑器（Pcbnew）、封装（库）编辑器（Footprint editor）等工具构成。

扫描右侧二维码获取更多信息。

冒险之旅

12.1 闯关任务

任何一个设计，一定都是从确定设计需求开始的。设计需求就是你想设计一个什么东西，实现什么样的功能，有什么样的特色，达到什么样的指标。

比如你打算设计一个树莓派Hat，那么可以列出一个简单的设计需求表，如下页表所示。

序号	硬件要求	备注
1	输入电压：5V	
2	3个通用输入io，能承受10V输入	
3	可做模拟量输入，12位ADC	
4	可做数字量输入	
5	2路数字量输出io，能驱动24V负载	
6	1路模拟量输出io，提供0~10V输出信号	
7	硬件可以级联，有拨码开关设置地址	

12.2 准备原理图

什么是原理图？简单地说，它就是常说的电路图，如图12-1所示。

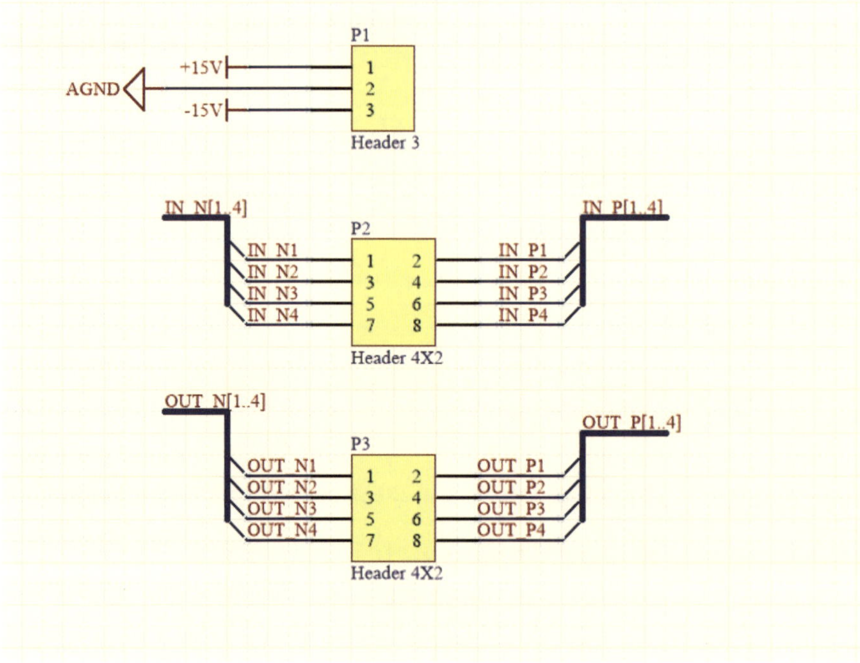

图12-1 原理图

在设计电路板的整个过程中，原理图最重要的作用是生成网络表（Netlist）。网络表通常是定义各元器件连接关系的一种纯文本文件，里面包含有各器件的编号（序号）、元器件值、元器件各引脚的连接关系（即网络关系）、元器件的图形符号（对应于原理图库）、PCB的封装名称（对应于PCB封装库）。

网络表最重要的作用就是联系原理图与PCB布线图中的元器件，使之能够同步设计信息。

12.3 准备原理图库 & PCB封装库

原理图库是原理图中各器件图形符号的集合，如图12-2所示。

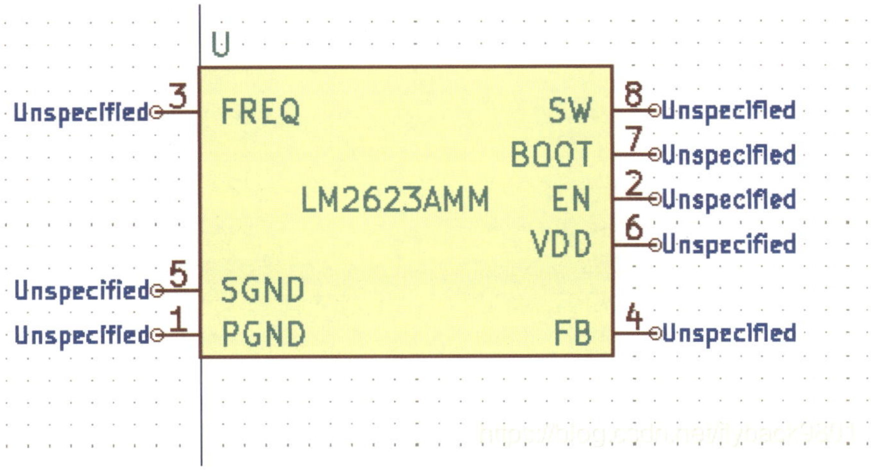

图12-2 原理图库

PCB封装库就是PCB布线图中元器件的图形符号的集合，是用来描述电子元器件的外形封装和PCB焊盘的，如图12-3所示。

图12-3 PCB封装库

12.4 PCB布线

PCB布线又称Layout。

PCB布线就是一个描述电路板上各元件之间实际金属连线的图形文件，如图12-4所示。

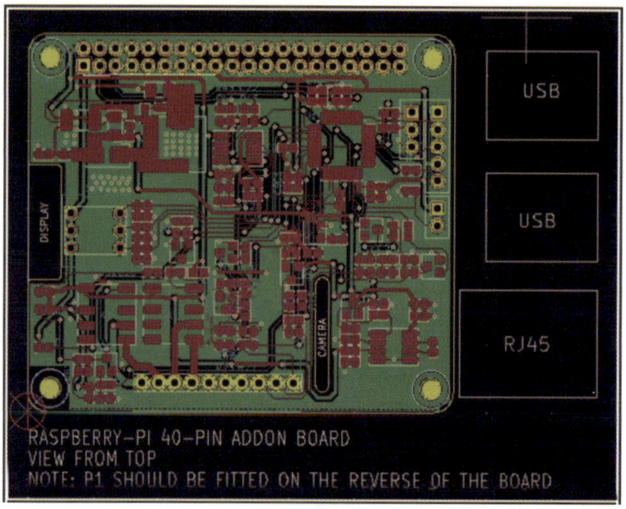

图12-4 PCB布线

12.5 生成生产文件

当PCB布线完成并通过检查，就可以用软件生成生产文件。这些生产文件又称Gerber，PCB生产厂家可以用它来生产出用户想要的PCB板。

原来，第二块智能芯片需要按照一定的步骤操作才能解锁，小奔和天天赶紧按照资料上的步骤操作，果然，第二块芯片出现在两个人的面前。小奔和天天拿着两块芯片回到传送台，将两块芯片放到印记上，传送台马上重新启动。小奔和天天迅速将芯片取下，并站到传送台上，他们终于可以离开地下遗迹了。

任务记录

爱学习的天天将这次任务中的信息都记录在笔记本上。同学们，本节课的任务你们都完成了吗？请将你们的学习情况记录在下页的表格中。

学习与活动	具体内容	自我评价	组内互评
知识与技能	Kicad基础知识	☆☆☆☆☆	☆☆☆☆☆
	Kicad设计步骤	☆☆☆☆☆	☆☆☆☆☆
创造力表现	独立完成本节课任务	☆☆☆☆☆	☆☆☆☆☆
	对教材案例能举一反三	☆☆☆☆☆	☆☆☆☆☆
协作能力	愿意进行小组分工，与同伴一起活动	☆☆☆☆☆	☆☆☆☆☆
	同伴遇到问题时，愿意给予帮助	☆☆☆☆☆	☆☆☆☆☆
问题解决	动手实践，实现自己提出的想法	☆☆☆☆☆	☆☆☆☆☆

第十三课 地铁防洪水系统

在传送过程中，一股巨浪袭来，小奔和天天被大水冲进一节车厢里面。眼看水越漫越深，已经快要淹过头顶了，两个人惊慌失措，来不及细想，赶紧朝着高处游去。可是水实在涨得太快，很快就将两个人淹没了，小奔和天天无法呼吸，慢慢失去了意识……

他们醒来后，发现自己在一个像实验室的空间里，卡伊德诺出现在墙上的屏幕里。

我国的某个城市，正遭遇百年不遇的特大暴雨，刚才你们所经历的就是地铁车厢里面乘客所处的状况，相信你们已经深有体会。现在就需要你们使用在上古遗迹中找到的智能芯片，在实验室设计一个地铁防洪水系统，拯救快要被洪水淹没的乘客。

任务指南

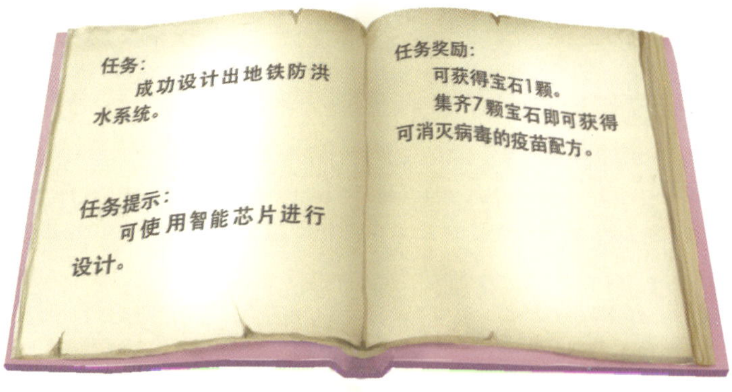

回想起刚才被水淹没的感觉，小奔和天天非常后怕。为了赶紧拯救因洪水被困在地铁内的乘客，他们制订了地铁防洪水系统的研究计划。

冒险之旅

13.1 地铁站排水系统调研

地铁是在城市中修建的快速、大运量、用电力牵引的轨道交通。列车在全封闭的线路上运行，位于中心城区的线路基本设在地下，中心城区以外的线路一般设在高架桥或地面上。地铁是涵盖了城市地区地下与地上的路权专有、高密度、高运量的城市轨道交通系统。

图13-1 深圳地铁

地铁对于城市的交通有着非常重大的影响，那么，地铁的排水系统主要由哪些部分组成呢？接下来就请同学们分别调研不同的地铁站，在询问工作人员之后来完成下页表格吧。

地铁站	污水来源	排水系统介绍	备注

地铁站的废水种类有结构渗透水、冲洗水、车站污水和雨水等，排水方式主要有以下四个独立系统。

图13-2 地铁口防水地漏

1. 地下站废水由设在站厅、站台的地漏排入车站轨道两侧的明沟和站台板下，废水汇集至车站端废水池，然后由排水泵排入市政排水管道。

2. 厕所的污水由下水管道汇集至污水池，然后由排水泵提升排入城市污水管道。

3. 出入口的雨水汇集至出入口的集水池后，由排水泵提升排入市政排水管道。

4. 地下结构渗漏水汇集于附近的集水池，然后由排水泵提升排出车站。

13.2 地铁防洪水系统设计

当前的地铁站使用的排水系统排水量较小，遇到大暴雨或者水量较大时，地铁口的地漏不足以将其全部吸收。因此，需要对现有的排水地漏进行改进，思路如下：如图13-3所示，使用水位传感器检测地铁口的水量，当水量超过一定的深度时，地铁口的挡板会打开，阻挡洪水继续进入地铁站内部，同时扩大排水口，使洪水能够全部进入附近的集水池并排出站外。

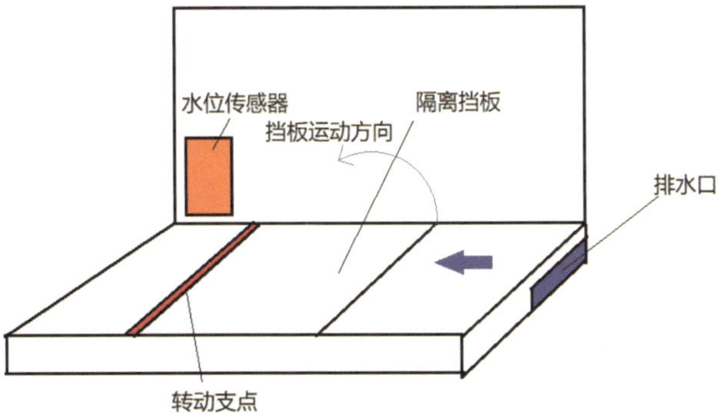

图13-3 设计草图

13.3 模型设计

草图设计好后，接下来就是设计模型。模型可选择多种材料制作，如木板、亚克力板、纸壳等。结合之前所学的CAD制图软件，将模型设计出来，标注好尺寸，然后使用激光切割机进行切割，最后将模型各部件组装在一起即可。

CAD图纸可参考图13-4。

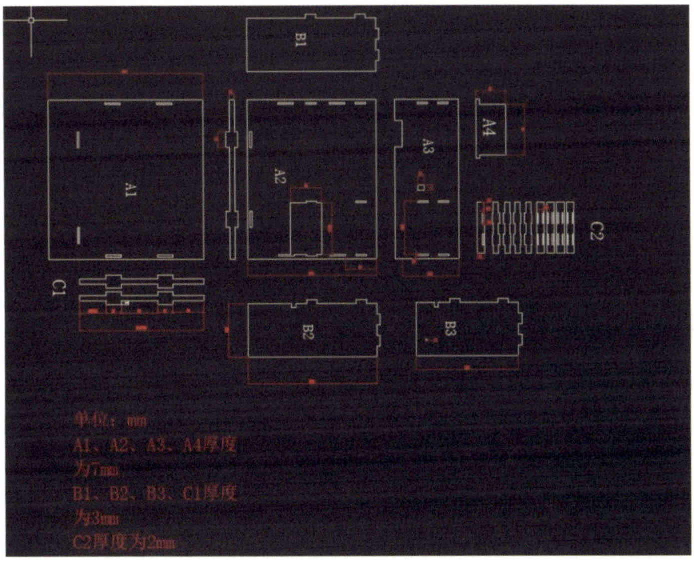

图13-4 CAD图纸

小奔和天天将所有的资料整理好，并在实验室中将所有材料按照图纸切割好，很快就做好了成品。

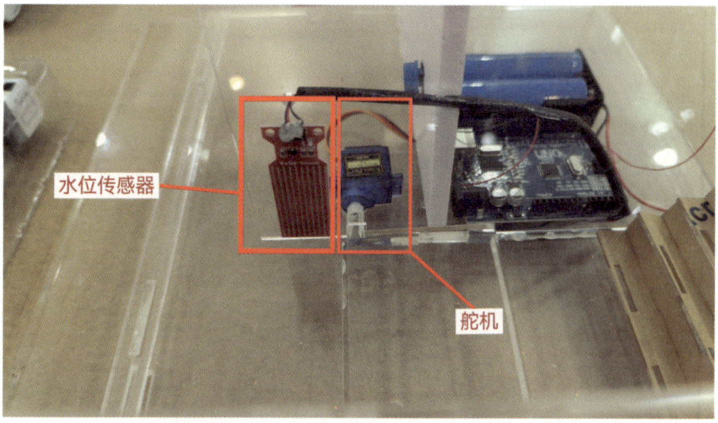

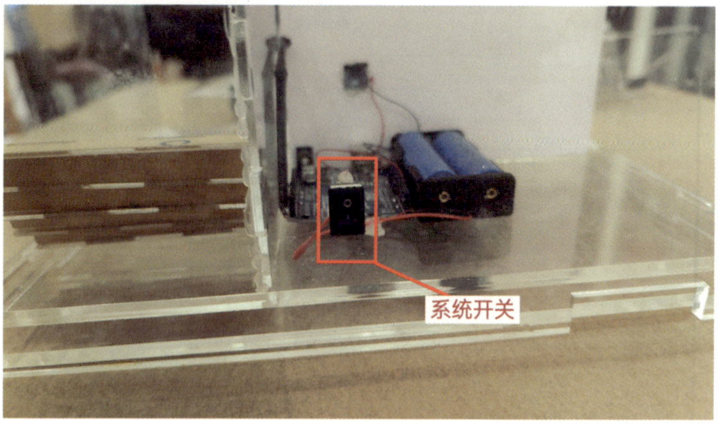

图13-5 成品参考

在成品验证成功后，他们决定即刻将自己制作的地铁防洪水系统应用在城市中，以防造成更多损失。

市长对两个人作出的社会贡献赞赏不已，为他们举行了表彰大会，在全体市民面前奖赏了他们一个非常神秘的宝物。两个人仔细一看，正是宝石！小奔将宝石放入储物戒指，数了数里面的宝石，还差一颗就可以集齐了。

任务记录

爱学习的天天将这次任务中的信息都记录在笔记本上。同学们，本节课的任务你们都完成了吗？请将你们的学习情况记录在下页的表格中。

学习与活动	具体内容	自我评价	组内互评
知识与技能	掌握防水系统设计制作流程	☆☆☆☆☆	☆☆☆☆☆
	对社会上出现的问题进行分析和尝试解决	☆☆☆☆☆	☆☆☆☆☆
创造力表现	独立完成本节课任务	☆☆☆☆☆	☆☆☆☆☆
	对教材案例能举一反三	☆☆☆☆☆	☆☆☆☆☆
协作能力	愿意进行小组分工，与同伴一起活动	☆☆☆☆☆	☆☆☆☆☆
	同伴遇到问题时，愿意给予帮助	☆☆☆☆☆	☆☆☆☆☆
问题解决	动手实践，实现自己提出的想法	☆☆☆☆☆	☆☆☆☆☆

第十四课 智能家居系统

小奔和天天继续寻找最后一颗宝石，可是他们翻遍了所有的资料，却找不到一点儿线索，正在他俩一筹莫展之际，卡伊德诺浮现在了空中。

现在你们离获得疫苗配方只有一步之遥，只剩最后一个任务需要完成。还记得你们在上古遗迹中收获的智能芯片和资料吗？你们的最后一个任务就是使用这些资料设计一套智能家居系统，让现在的社会达到上古文明巅峰时期的水平，促进社会的飞速发展。

任务指南

小奔打开储物戒指，查看在上古遗迹中获得的智能芯片和技术资料，却没找到关于智能家居的信息。要做出一套智能家居系统，该从哪些方面入手呢？

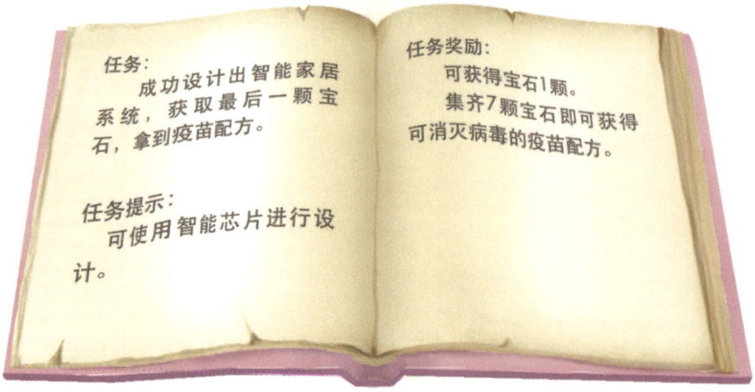

冒险之旅

什么是智能家居系统？博览群书的天天，脑海中很快就浮现出曾经看过的一本书中的介绍。

智能家居系统

智能家居系统是以住宅为平台的多功能控制系统，能够使家庭生活更加安全、节能、智能、便利和舒适。

扫描右侧二维码获取更多信息。

在学习了智能家居系统的基本资料后，小奔和天天准备继续调研智能家居系统的功能并进行相关的设计。

14.1 智能家居系统功能调研

智能家居的最大特点就是网络化，所有系统、功能都能够直接连接、共同使用，既简单、快捷，又降低了成本。另外，为满足家庭的个性化需求，智能家居系统的功能可以自由组合，以适应不同家庭的要求。智能家居包括灯光控制、自动窗帘、安全防护、背景音乐、综合布线、家电自动化等。请同学们查找资料，收集市面上智能家居包含的功能设计以及控制原理，并完成下表。

功能	说明
遥控功能	
感应开关	
自动窗帘	

（续表）

功能	说明

14.2 智能家居系统设计

设计思路：启动电源后，在LCD显示屏上可显示实时时间，以及房间的实时温度和湿度。使用红外遥控器可控制LED（发光二极管）灯的亮灭和窗帘、窗户的开关。安装在房外的雨滴传感器能够检测是否下雨，当窗户和窗帘处于开启状态时，若雨滴传感器检测到下雨，则会自动关闭窗户和窗帘。设计草图如图14-1所示。

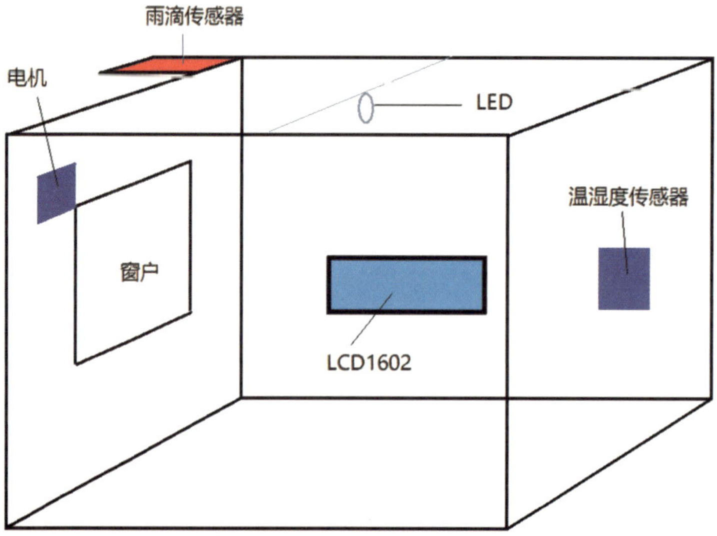

图14-1 设计草图

14.3 模型设计

在上一节课中，我们已经学会使用CAD软件设计地铁站模型。本节课中，我们将使用相同的方法来制作智能家居系统模型。另外，还需要使用3D建模软件来设计一些特殊的零件，如电机外壳、窗帘杆（如图14-2、图14-3所示）等。同学们需要使用测量工具测量电机和窗帘的尺寸，然后使用3D设计软件来设计电机外壳和窗帘杆。

图14-2 电机外壳

图14-3 窗帘杆

成品参考如图14-4所示。

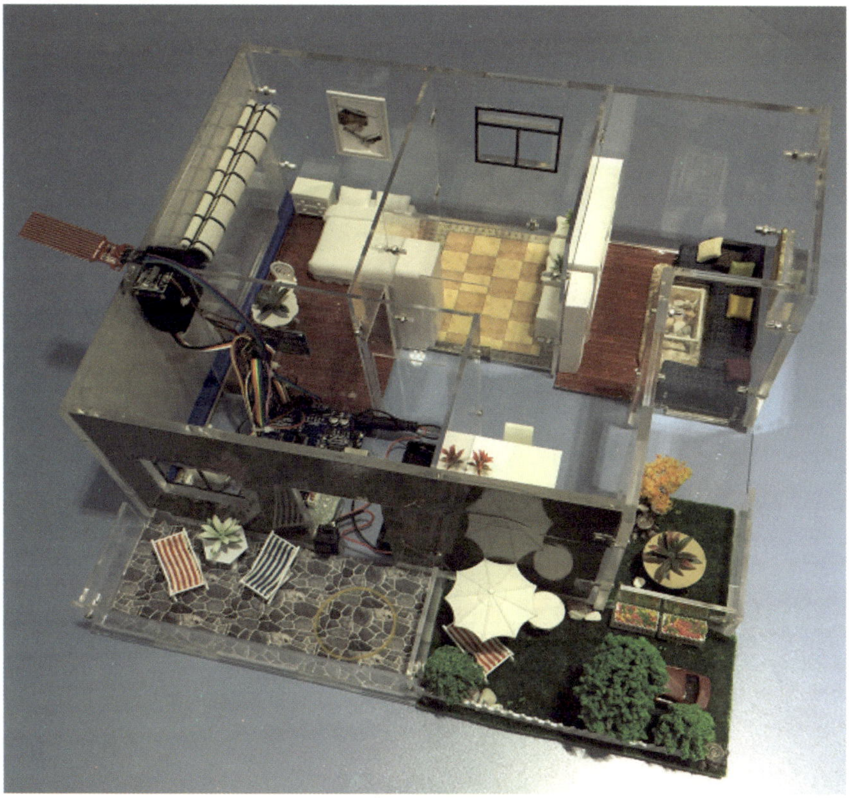

图14-4 成品参考

完成所有组装程序后，小奔和天天赶紧接上电源，测试智能家居系统能否正常运转。很快，所有设备都开始运转起来，智能家居系统的设计成功了！就在他们开心欢舞时，智能家居系统却在不断缩小，不一会儿就变成了一颗宝石，掉落在两个人面前。小奔赶紧抓住，最后一颗宝石终于出现，七颗宝石被集齐了。

翻开《勇士大冒险》，赫然可见七个凹陷下去的空位，分别对应七颗宝石。小奔和天天赶紧将七颗宝石放入对应的位置。忽然，宝盒中的七颗宝石变幻为一张闪闪发光的纸张，小奔打开一看，上面写的正是疫苗的配方。小奔和天天赶紧把配方交给科学家，经过多次测试证实，这正是科学家苦苦研究的疫苗配方。在全球科学家的共同努力下，病毒终于从世界上消失，而世界也慢慢地恢复了秩序。

任务记录

爱学习的天天将这次任务中的信息都记录在笔记本上。同学们，本节课的任务你们都完成了吗？请将你们的学习情况记录在下面的表格中。

学习与活动	具体内容	自我评价	组内互评
知识与技能	掌握作品制作流程	☆☆☆☆☆	☆☆☆☆☆
	对社会中出现的问题进行分析和尝试解决	☆☆☆☆☆	☆☆☆☆☆
创造力表现	独立完成本节课任务	☆☆☆☆☆	☆☆☆☆☆
	对教材案例能举一反三	☆☆☆☆☆	☆☆☆☆☆
协作能力	愿意进行小组分工，与同伴一起活动	☆☆☆☆☆	☆☆☆☆☆
	同伴遇到问题时，愿意给予帮助	☆☆☆☆☆	☆☆☆☆☆
问题解决	动手实践，实现自己提出的想法	☆☆☆☆☆	☆☆☆☆☆

附录一：地铁防洪水系统参考代码

```
#include <Servo.h>
Servo myservo;//定义舵机变量名
int a=0;
int button = 2;
void setup（）
{
 myservo.attach（5）;//定义舵机接口
 pinMode（button，INPUT_PULLUP）;
  myservo.write（0）;
 Serial.begin（9600）;
}
void loop（）
{
 Serial.println（analogRead（A0））;
 if（analogRead（A0）>200&&a==0）
 {
   a=1;
 for（int i=0;i<=90;i++）
 {
 myservo.write（i）;//设置舵机旋转的角度
 delay（20）;
 }
 }
 if（digitalRead（button）==LOW&&a==1）
 {
```

```
  a=0;
 for（int i=90;i>=0;i--）
 {
myservo.write（i）;//设置舵机旋转的角度
delay（20）;
  }}
}
```

附录二：智能家居系统参考代码

```
#include <SPI.h>
#include <RFID.h>
#include <Wire.h>
#include <Servo.h>
#include <RTClib.h>
#include <dht11.h>
dht11 DHT11;
#define DHT11PIN 8
#define NUMPIXELS  60
#include <IRremote.h>
int ac1， ac2;
RTC_DS1307 RTC;
Servo myservo1;
Servo myservo2;
#include <Adafruit_GFX.h>
#include <Adafruit_SSD1306.h>
#define OLED_RESET 4
#include <Wire.h>
#define ADDRESS_SI7021 0x40
#define MEASURE_RH_HOLD 0xE5
#define READ_T_FROM_PRE_RH_MEASUREMENT 0xE0
byte buffer[] = {0， 0， 0};
byte crcHumi;
word outHumi = 0;
```

```
word outTemp = 0;
float valueHumi = 0;
float valueTemp = 0;
Adafruit_SSD1306 display（OLED_RESET）;
#define LOGO16_GLCD_HEIGHT 16 //定义显示高度
#define LOGO16_GLCD_WIDTH  16 //定义显示宽度
unsigned char str[MAX_LEN]; //MAX_LEN为16，数组最大长度
unsigned char Date[MAX_LEN]; //MAX_LEN为16，数组最大长度
unsigned char wenshidu[MAX_LEN]; //MAX_LEN为16，数组最大长度
unsigned char off_on[MAX_LEN]; //MAX_LEN为16，数组最大长度
int RECV_PIN = 10;//定义红外接收器的引脚为10
IRrecv irrecv（RECV_PIN）;
decode_results results;
#include <Adafruit_NeoPixel.h>
#include <avr/power.h>
#define PIN  7
#define NUMPIXELS  60
Adafruit_NeoPixel pixels = Adafruit_NeoPixel（NUMPIXELS，PIN，NEO_GRB + NEO_KHZ800）;
int delayval = 10;
int r，g，b;
int a;
int val;
#include<Stepper.h>
//修改电机每一转的步数
const int stepsPerRevolution = 400;
// 初始化步进电机要使用的Arduino的引脚编号
Stepper myStepper（stepsPerRevolution，2，4，3，5）;
/***************************欢迎使用**************************/
static const unsigned char PROGMEM str_1[] =
{
0x00，0x80，0x00，0x80，0xFC，0x80，0x04，0xFC，0x05，0x04，0x49，0x08，
```

```
0x2A, 0x40, 0x14, 0x40,
    0x10, 0x40, 0x28, 0xA0, 0x24, 0xA0, 0x45, 0x10, 0x81, 0x10, 0x02, 0x08,
0x04, 0x04, 0x08, 0x02
    };
    //中文：欢
    static const unsigned char PROGMEM str_2[] =
    {
    0x00, 0x00, 0x20, 0x80, 0x13, 0x3C, 0x12, 0x24, 0x02, 0x24, 0x02, 0x24,
0xF2, 0x24, 0x12, 0x24,
    0x12, 0x24, 0x12, 0xB4, 0x13, 0x28, 0x12, 0x20, 0x10, 0x20, 0x28, 0x20,
0x47, 0xFE, 0x00, 0x00
    };
    //中文：迎
    static const unsigned char PROGMEM str_3[] =
    {
    0x10, 0x40, 0x10, 0x40, 0x1F, 0xFE, 0x20, 0x40, 0x20, 0x40, 0x67, 0xFC,
0x64, 0x44, 0xA4, 0x44,
    0x27, 0xFC, 0x20, 0x40, 0x22, 0x40, 0x21, 0x40, 0x20, 0x80, 0x21, 0x40,
0x22, 0x30, 0x2C, 0x0E
    };
    //中文：使
    static const unsigned char PROGMEM str_4[] =
    {
    0x00, 0x00, 0x3F, 0xF8, 0x21, 0x08, 0x21, 0x08, 0x21, 0x08, 0x3F, 0xF8,
0x21, 0x08, 0x21, 0x08,
    0x21, 0x08, 0x3F, 0xF8, 0x21, 0x08, 0x21, 0x08, 0x21, 0x08, 0x41, 0x08,
0x41, 0x28, 0x80, 0x10
    };
    //中文：用
    /*****************************************************************************
********/
    /********************时间*********************************************/
```

```
static const unsigned char PROGMEM Date1[] =
{
0x00, 0x08, 0x00, 0x08, 0x7C, 0x08, 0x44, 0x08, 0x45, 0xFE, 0x44, 0x08,
0x44, 0x08, 0x7C, 0x08,
0x44, 0x88, 0x44, 0x48, 0x44, 0x48, 0x44, 0x08, 0x7C, 0x08, 0x44, 0x08,
0x00, 0x28, 0x00, 0x10,
};
//中文：时
static const unsigned char PROGMEM Date2[] =
{
0x20, 0x00, 0x13, 0xFC, 0x10, 0x04, 0x40, 0x04, 0x47, 0xC4, 0x44, 0x44,
0x44, 0x44, 0x44, 0x44,
0x47, 0xC4, 0x44, 0x44, 0x44, 0x44, 0x44, 0x44, 0x47, 0xC4, 0x40, 0x04,
0x40, 0x14, 0x40, 0x08,
};
//中文：间
/*******************当前温度湿度*************************/
static const unsigned char PROGMEM wenshidu1[] =
{
0x02, 0x00, 0x01, 0x00, 0x3F, 0xFC, 0x20, 0x04, 0x20, 0x04, 0x3F, 0xFC,
0x21, 0x00, 0x20, 0x80,
0x3F, 0xFC, 0x22, 0x00, 0x22, 0x00, 0x23, 0xF8, 0x44, 0x08, 0x44, 0x08,
0x88, 0x28, 0x10, 0x10,
};
//中文：房
static const unsigned char PROGMEM wenshidu2[] =
{
0x20, 0x00, 0x13, 0xFC, 0x10, 0x04, 0x40, 0x04, 0x47, 0xC4, 0x44, 0x44,
0x44, 0x44, 0x44, 0x44,
0x47, 0xC4, 0x44, 0x44, 0x44, 0x44, 0x44, 0x44, 0x47, 0xC4, 0x40, 0x04,
0x40, 0x14, 0x40, 0x08,
};
```

```
//中文：间
static const unsigned char PROGMEM wenshidu3[] =
{
0x00, 0x00, 0x23, 0xF8, 0x12, 0x08, 0x12, 0x08, 0x83, 0xF8, 0x42, 0x08,
0x42, 0x08, 0x13, 0xF8,
0x10, 0x00, 0x27, 0xFC, 0xE4, 0xA4, 0x24, 0xA4, 0x24, 0xA4, 0x24, 0xA4,
0x2F, 0xFE, 0x00, 0x00,
};
//中文：温
static const unsigned char PROGMEM wenshidu4[] =
{
0x01, 0x00, 0x00, 0x80, 0x3F, 0xFE, 0x22, 0x20, 0x22, 0x20, 0x3F, 0xFC,
0x22, 0x20, 0x22, 0x20,
0x23, 0xE0, 0x20, 0x00, 0x2F, 0xF0, 0x24, 0x10, 0x42, 0x20, 0x41, 0xC0,
0x86, 0x30, 0x38, 0x0E,
};
//中文：度
static const unsigned char PROGMEM wenshidu5[] =
{
0x00, 0x00, 0x27, 0xF8, 0x14, 0x08, 0x14, 0x08, 0x87, 0xF8, 0x44, 0x08,
0x44, 0x08, 0x17, 0xF8,
0x11, 0x20, 0x21, 0x20, 0xE9, 0x24, 0x25, 0x28, 0x23, 0x30, 0x21, 0x20,
0x2F, 0xFE, 0x00, 0x00,
};
//中文：湿
static const unsigned char PROGMEM wenshidu6[] =
{
0x01, 0x00, 0x00, 0x80, 0x3F, 0xFE, 0x22, 0x20, 0x22, 0x20, 0x3F, 0xFC,
0x22, 0x20, 0x22, 0x20,
0x23, 0xE0, 0x20, 0x00, 0x2F, 0xF0, 0x24, 0x10, 0x42, 0x20, 0x41, 0xC0,
0x86, 0x30, 0x38, 0x0E,
};
```

```
//中文：度
/*************************************************************************
****/
/********************************窗帘状态***********************************
/
static const unsigned char PROGMEM off_on1[] =
{
0x02，0x00，0x01，0x00，0x7F，0xFE，0x48，0x22，0x92，0x14，0x04，0x00，
0x3F，0xF8，0x22，0x08，
0x23，0xC8，0x24，0x48，0x2A，0x88，0x21，0x08，0x22，0x88，0x24，0x08，
0x3F，0xF8，0x20，0x08，
};
//中文：窗
static const unsigned char PROGMEM off_on2[] =
{
0x02，0x00，0x01，0x00，0x7F，0xFE，0x40，0x02，0x88，0x24，0x10，0x10，
0x21，0x08，0x01，0x00，
0x3F，0xF8，0x21，0x08，0x21，0x08，0x21，0x08，0x21，0x28，0x21，0x10，
0x01，0x00，0x01，0x00，
};
//中文：帘
static const unsigned char PROGMEM off_on3[] =
{
0x08，0x40，0x08，0x48，0x08，0x44，0x48，0x44，0x28，0x40，0x2F，0xFE，
0x08，0x40，0x08，0x40，
0x18，0x40，0x28，0xA0，0xC8，0xA0，0x08，0x90，0x09，0x10，0x09，0x08，
0x0A，0x04，0x0C，0x02，
};
//中文：状
static const unsigned char PROGMEM off_on4[] =
{
0x01，0x00，0x01，0x00，0x7F，0xFC，0x01，0x00，0x02，0x80，0x04，0x40，
```

```
0x0A, 0x20, 0x31, 0x18,
    0xC0, 0x06, 0x01, 0x00, 0x08, 0x88, 0x48, 0x84, 0x48, 0x12, 0x48, 0x12,
0x87, 0xF0, 0x00, 0x00,
    };
    //中文：态
    static const unsigned char PROGMEM off_on5[] =
    {
    0x00, 0x00, 0x7F, 0xFC, 0x08, 0x20, 0x08, 0x20, 0x08, 0x20, 0x08, 0x20,
0x08, 0x20, 0xFF, 0xFE,
    0x08, 0x20, 0x08, 0x20, 0x08, 0x20, 0x08, 0x20, 0x10, 0x20, 0x10, 0x20,
0x20, 0x20, 0x40, 0x20,
    };
    //中文：开
    static const unsigned char PROGMEM off_on6[] =
    {
    0x10, 0x10, 0x08, 0x10, 0x08, 0x20, 0x00, 0x00, 0x3F, 0xF8, 0x01, 0x00,
0x01, 0x00, 0x01, 0x00,
    0xFF, 0xFE, 0x01, 0x00, 0x02, 0x80, 0x02, 0x80, 0x04, 0x40, 0x08, 0x20,
0x30, 0x18, 0xC0, 0x06,
    };
    //中文：关

    /****************************************************************************
***/
    #if (SSD1306_LCDHEIGHT != 64)
    #error ("Height incorrect, please fix Adafruit_SSD1306.h!");
    #endif
    void setup() {
      #if defined (__AVR_ATtiny85__)
      if (F_CPU == 16000000) clock_prescale_set(clock_div_1);
      #endif
      pixels.begin();
```

```
  Serial.begin（9600）;
   irrecv.enableIRIn（ ）; // 初始化红外接收器
  RTC.begin（ ）;
  myStepper.setSpeed（60）;
  if （! RTC.isrunning（ ））{
  Serial.println（ "RTC is NOT running!" ）;
  RTC.adjust（DateTime（__DATE__，__TIME__））;}
  myservo1.attach（6）;
 // myservo2.attach（4）;
 // myservo1.write（76）; // 舵机不动
 // myservo2.write（76）; // 舵机不动
  SPI.begin（ ）;
  display.begin（SSD1306_SWITCHCAPVCC，0x3C）;
  display.clearDisplay（ ）;
  welcome（ ）;
   //myservo.write（56）;
  delay（180）;
  myservo1.write（88）;
 // myservo2.write（86）;
  irrecv.enableIRIn（ ）; // 初始化红外接收器


}
void loop（ ）{
  display.clearDisplay（ ）;
   Wire.beginTransmission（ADDRESS_SI7021）;
  Wire.write（MEASURE_RH_HOLD）;
  Wire.endTransmission（ ）;
  Wire.requestFrom（ADDRESS_SI7021，3）;
  if（Wire.available（ ）>= 3）
  {
    buffer[0] = Wire.read（ ）; //high byte
    buffer[1] = Wire.read（ ）; //low byte
```

```
    buffer[2] = Wire.read（）; //crc
}
outHumi = （buffer[0]<<8） | buffer[1];
crcHumi = CRC8（buffer, 3）;

//read temperature from previous RH measurement
Wire.beginTransmission（ADDRESS_SI7021）;
Wire.write（READ_T_FROM_PRE_RH_MEASUREMENT）;
Wire.endTransmission（）;
Wire.requestFrom（ADDRESS_SI7021, 2）;
if（Wire.available（） >= 2）
{
    buffer[0] = Wire.read（）; //high byte
    buffer[1] = Wire.read（）; //low byte; no crc
}
outTemp = （buffer[0]<<8） | buffer[1];
valueHumi = 125.0*outHumi/65536 – 6;
valueTemp = 175.72*outTemp/65536 – 46.85;
Serial.print（valueHumi）; Serial.print（ “ \%RH\t” ）;
Serial.print（valueTemp）; Serial.println（ “ `C” ）;
if （crcHumi == 0 && outHumi != 0 && outTemp != 0）
{
    Serial.println（ “CRC checked.” ）;
}
else
{
    Serial.println（ “Error!” ）;
}
timelcd（）;
wendu（）;
on_off（）;
}
```

```
void welcome（）
{
display.drawBitmap（16，20，str_1，16，16，1）；//在坐标X:26  Y:16的位置显示中文字符凌
display.drawBitmap（32，20，str_2，16，16，1）；//在坐标X:42  Y:16的位置显示中文字符顺
display.drawBitmap（48，20，str_3，16，16，1）；
display.drawBitmap（64，20，str_4，16，16，1）；
display.display（）；              //把缓存的都显示
}
void wendu（）
{
// display.drawBitmap（0，32，wenshidu1，16，16，1）；//在坐标X:26  Y:16的位置显示中文字符凌
// display.drawBitmap（16，32，wenshidu2，16，16，1）；//在坐标X:42  Y:16的位置显示中文字符顺
display.drawBitmap（0，32，wenshidu3，16，16，1）；//在坐标X:26  Y:16的位置显示中文字符凌
display.drawBitmap（48，32，wenshidu4，16，16，1）；//在坐标X:42  Y:16的位置显示中文字符顺
display.setTextSize（2）；
display.setCursor（62，32）；
display.print（ “:” ）；//当前温度
display.setTextSize（1.5）；
display.setCursor（70，36）；
display.print（（float）DHT11.temperature，2）；//当前温度
//display.drawBitmap（0，48，wenshidu1，16，16，1）；//在坐标X:26  Y:16的位置显示中文字符凌
//display.drawBitmap（16，48，wenshidu2，16，16，1）；//在坐标X:42  Y:16的位置显示中文字符顺
display.drawBitmap（0，48，wenshidu5，16，16，1）；//在坐标X:26  Y:16的位置显示中文字符凌
```

display.drawBitmap（48，48，wenshidu6，16，16，1）; //在坐标X:42 Y:16的位置显示中文字符顺

display.setTextSize（2）;

display.setCursor（62，48）;　　　//设置字体的起始位置

display.print（“:”）;　//当前湿度

display.setCursor（70，52）;

display.setTextSize（1.5）;//设置字体的起始位置

display.print（（float）DHT11.humidity，2）;　//当前湿度

}

void on_off（）

{

display.drawBitmap（0，16，off_on1，16，16，1）; //在坐标X:26 Y:16的位置显示中文字符凌

display.drawBitmap（16，16，off_on2，16，16，1）; //在坐标X:42 Y:16的位置显示中文字符顺

display.drawBitmap（32，16，off_on3，16，16，1）;

display.drawBitmap（48，16，off_on4，16，16，1）;

display.setTextSize（2）;

display.setCursor（62，16）;　　　//设置字体的起始位置

display.print（“:”）;

display.display（）;

}

void on（）

{

display.drawBitmap（0，16，off_on1，16，16，1）; //在坐标X:26 Y:16的位置显示中文字符凌

display.drawBitmap（16，16，off_on2，16，16，1）; //在坐标X:42 Y:16的位置显示中文字符顺

display.drawBitmap（32，16，off_on3，16，16，1）;

display.drawBitmap（48，16，off_on4，16，16，1）;

display.setTextSize（2）;

display.setCursor（62，16）;　　　//设置字体的起始位置

```
display.print（“:”）;
display.drawBitmap（70，16，off_on5，16，16，1）;
display.display（）;
}
void off（）
{
display.drawBitmap（0，16，off_on1，16，16，1）;//在坐标X:26 Y:16的位置显示中文字符凌
display.drawBitmap（16，16，off_on2，16，16，1）; //在坐标X:42 Y:16的位置显示中文字符顺
display.drawBitmap（32，16，off_on3，16，16，1）;
display.drawBitmap（48，16，off_on4，16，16，1）;
display.setTextSize（2）;
display.setCursor（62，16）;          //设置字体的起始位置
display.print（“:”）;
display.drawBitmap（70，16，off_on6，16，16，1）;
display.display（）;
}
void timelcd（）
{
DateTime now = RTC.now（）;
display.setTextSize（1）;          //设置字体大小
display.setTextColor（WHITE）;      //设置字体颜色白色
display.setCursor（0，0）;          //设置字体的起始位置
display.print（now.year（），DEC）;
display.setCursor（25，0）;          //设置字体的起始位置
display.print（“/”）;
display.setCursor（32，0）;          //设置字体的起始位置
display.print（now.month（），DEC）;
display.setCursor（40，0）;          //设置字体的起始位置
display.print（“/”）;
display.setCursor（48，0）;          //设置字体的起始位置
```

```
display.print（now.day（），DEC）；
display.setCursor（70，0）；          //设置字体的起始位置
display.print（now.hour（），DEC）；
display.setCursor（83，0）；          //设置字体的起始位置
display.print（“:”）；
display.setCursor（88，0）；          //设置字体的起始位置
display.print（now.minute（），DEC）；
display.setCursor（100，0）；          //设置字体的起始位置
display.print（“:”）；
display.setCursor（106，0）；          //设置字体的起始位置
display.print（now.second（），DEC）；
}
void LED_ON（）
{
  /*r=random（0，255）；
  g=random（0，255）；
  b=random（0，255）;*/
  r=200;
  g=0;
  b=0;
   for（int i=0;i<90;i++）{
   pixels.setPixelColor（i，pixels.Color（r，g，b））；// Moderately bright green color.
   pixels.show（）；// This sends the updated pixel color to the hardware.
   //delay（delayval）；
    }
 }
void LED_OFF（）
{
  r=0;
  g=0;
  b=0;
   for（int i=0;i<90;i++）{
```

```
    pixels.setPixelColor（i，pixels.Color（r，g，b））；// Moderately bright green color.
    pixels.show（）；// This sends the updated pixel color to the hardware.
    //delay（delayval）；
     }
  }
void dht（）
{
    Wire.beginTransmission（ADDRESS_SI7021）；
    Wire.write（MEASURE_RH_HOLD）；
    Wire.endTransmission（）；
    Wire.requestFrom（ADDRESS_SI7021，3）；
    if（Wire.available（）>= 3）
    {
        buffer[0] = Wire.read（）；//high byte
        buffer[1] = Wire.read（）；//low byte
        buffer[2] = Wire.read（）；//crc
    }
    outHumi =（buffer[0]<<8）| buffer[1];
    crcHumi = CRC8（buffer，3）；
    Wire.beginTransmission（ADDRESS_SI7021）；
    Wire.write（READ_T_FROM_PRE_RH_MEASUREMENT）；
    Wire.endTransmission（）；
    Wire.requestFrom（ADDRESS_SI7021，2）；
    if（Wire.available（）>= 2）
    {
        buffer[0] = Wire.read（）；//high byte
        buffer[1] = Wire.read（）；//low byte; no crc
    }
    outTemp =（buffer[0]<<8）| buffer[1];
    valueHumi = 125.0*outHumi/65536 – 6;
    valueTemp = 175.72*outTemp/65536 – 46.85;
    Serial.print（valueHumi）；  Serial.print（“\%RH\t”）；
```

```
    Serial.print ( valueTemp ) ;  Serial.println ( “ `C” ) ;
    if ( crcHumi == 0 && outHumi != 0 && outTemp != 0 )
    {
      Serial.println ( “CRC checked.” ) ;
    }
    else
    {
      Serial.println ( “Error!” ) ;
    }
   // delay ( 4000 ) ;
}
byte CRC8 ( byte *data, byte len )
{
    byte crc[8];
    byte result = 0;
    byte i;
    byte doInvert;
    String bitString = MakeString ( data, len ) ;
    for ( i = 0; i < 8; i++ )
    {
      crc[i] = 0;
    }
    for ( i = 0; i < bitString.length ( ) ; i ++ )
    {
      doInvert = ( byte ( bitString[i] == ‘1’ ) ) ^ crc[7];
      crc[7] = crc[6];
      crc[6] = crc[5];
      crc[5] = crc[4] ^ doInvert;
      crc[4] = crc[3] ^ doInvert;
      crc[3] = crc[2];
      crc[2] = crc[1];
      crc[1] = crc[0];
```

```
    crc[0] = doInvert;
  }
  for （i = 0; i < 8; i++ )
  {
    bitWrite ( result， i， crc[i] ) ;
  }
  return result;
}
String MakeString ( byte *data， byte len )
{
  int i， j;
  String tempString[len];
  String bitString=” ” ;
  for （i = 0; i < len; i++ )
  {
    tempString[i] = String ( data[i]， BIN ) ;
    int zeros = 8 – tempString[i].length （ ) ;
    for （j = 0; j < zeros; j++ )
    {
      tempString[i] = ‘0’ + tempString[i];
    }
  }
  for （i = 0; i < len; i++ )
  {
    bitString = bitString + tempString[i];
  }
  return bitString;
}
```

深派
教育

人工智能教育项目系列丛书

人工智能应用
未来之旅

罗朝宣 汪婷 但非 陈晓丹 著

深圳报业集团出版社 广东教育出版社

出 版 人：龙建涛
责任编辑：彭春红　吴　萌　魏孜文
特邀编辑：周　俊
责任校对：何杏蔚　杨　杰　廖安妮
装帧设计：林国壮

图书在版编目（CIP）数据

人工智能应用 ：未来之旅 / 罗朝宣等著.
深圳 ：深圳报业集团出版社，2025. 3. --（人工智能教育项目系列丛书）. -- ISBN 978-7-80774-156-5
Ⅰ. TP18-49
中国国家版本馆CIP数据核字第202525G97J号

人工智能教育项目系列丛书
RENGONG ZHINENG JIAOYU XIANGMU XILIE CONGSHU

人工智能应用：未来之旅
RENGONG ZHINENG YINGYONG: WEILAI ZHILV

罗朝宣 汪婷 但非 陈晓丹　著

深圳报业集团出版社出版发行
（518034　深圳市福田区商报路 2 号）
中华商务联合印刷（广东）有限公司印制　新华书店经销
版次：2025 年 3 月第 1 版
印次：2025 年 3 月第 1 次印刷
开本：787mm×1092mm　1/16
总字数：480 千字　　总印张：23
ISBN　978-7-80774-156-5
定价：168.00 元（共 3 册）

“人工智能教育项目系列丛书”编委会

前言

当今世界，人工智能正以前所未有的速度重绘人类社会的未来蓝图。面对生成式人工智能（AIGC）的爆发式发展，教育者们需要思考：当DeepSeek、ChatGPT能瞬间完成代码编写，当Sora可一键生成视频，人类的核心竞争力何在？

从2017年《新一代人工智能发展规划》国家战略的部署，到2024年教育部发布《关于加强中小学人工智能教育的通知》明确强调加强中小学人工智能教育，再到2025年国务院将人工智能助力教育变革纳入《教育强国建设规划纲要（2024—2035年）》，中国正加速构建人工智能教育生态体系。然而，在义务教育阶段，人工智能教育仍面临着课程内容碎片化、技术实践与伦理认知脱节、学科融合深度不足等三重挑战。

在此背景下，南山实验教育集团前海港湾学校推出《人工智能应用：未来之旅》，为破解人工智能教育困局提供了创新性与实操性兼具的校本化方案。本书给出的答案是——培养“不可替代的数智素养”。《人工智能应用：未来之旅》直面技术伦理困境，引导学生辩论“AI绘画的版权归属”，这种“技术能力与人文思辨并重”的设计理念，与中国《科技伦理审查办法》、欧盟《人工智能伦理准则》形成教育呼应，彰显了基础教育者的社会担当。

我们始终相信：真正的人工智能教育，不是培养技术的被动使用者，而是孕育“能用技术改良世界”的主动创造者。让技术回归人性温度，让学习指向社会进步。愿这套读本成为一支火把，既照亮学生探索智能世界的道路，也为中国基础教育在人工智能时代的转型升级，点燃更多可能性。

课时计划

章	节	难度等级	课时	建议
第一章 人工智能	什么是人工智能	★☆☆☆☆	1	必修
第二章 智能创作	2.1 初识 AIGC	★★☆☆☆	2	必修
	2.2 AI 创作	★★★☆☆	2	必修
	2.3 AI 挑战	★★★★☆	2	必修
第三章 大数据	3.1 挖掘生活中的天气数据	★★☆☆☆	1	必修
	3.2 美化天气数据	★★☆☆☆	1	必修
第四章 智能识别	4.1 大小魔法棒	★★☆☆☆	1	必修
	4.2 人脸描边大师	★★★☆☆	1	必修
	4.3 几何侦探	★★★★☆	1	选修
第五章 智能家居	5.1 智能浇水系统	★★★★☆	2	选修
	5.2 家庭监控警报系统	★★★★★	2	选修
	5.3 创意设计	★★★★★	3	选修
第六章 虚拟现实技术	6.1 初识 VR	★★★☆☆	1	选修
	6.2 玩转 AR 与 VR	★★★★☆	2	选修

目 录

第一章
什么是人工智能

人工智能（Artificial Intelligence，AI）是计算机科学的一个分支，其核心目标是探索智能的本质，并在此基础上开发出能够以类似人类智能的方式做出反应的智能机器。这一领域的研究涵盖了多项关键技术，如机器学习、计算机视觉、语音识别、自然语言处理和专家系统等。

图 1-1　前海港湾学校 AI 平台生成图

人工智能的产业链可以分为三个主要层次：基础层、技术层和应用层。

基础层：AI 芯片、传感器、大数据、云计算及 5G 通信等基础设施，这些技术为人工智能的发展提供了必要的硬件和数据支持。

技术层：计算机视觉、语音识别、自然语言处理、机器学习、知识图谱等核心技术，这些技术是实现人工智能功能的关键，能够使机器具备感知、理解和学习的能力。

应用层：智慧城市、智能制造、智慧医疗、智慧交通、智慧安防、智慧物流、智慧金融等产业应用，这些应用将人工智能技术与实际需求相结合，推动了各行各业的智能化转型。

在人工智能的发展过程中，算法、算力和数据被认为是推动其进步的三大核心要素，被称为“人工智能发展的三驾马车”。算法决定了机器如何处理和分析数据，算力提供了强大的计算能力，而数据则为算法和算力提供了训练和优化的基础。这三者共同构成了人工智能发展的重要基石。

Hey Siri：当语音助手被唤醒

2007 年，一群来自斯坦福研究所（SRI International）的科学家和工程师成立了一家名为 Siri Inc. 的公司，他们的目标是开发一款能够理解和响应自然语言的智能语音助手。2010 年，第一款 Siri 应用程序问世，该应用程序一经推出便引起了广泛关注。苹果公司看到了其巨大的潜力，在 2010 年 4 月收购了 Siri Inc.。苹果的收购为 Siri 的发展提供了强大的技术和资源支持。经过进一步优化和整合，2011 年，Siri 作为 iPhone 4S 的语音助手正式发布。

Siri 的核心技术在于其强大的自然语言处理能力和语音识别系统，它能够理解用户的语音指令，并通过与互联网和本地应用程序的交互，提供准确和及时的响应。Siri 不仅可以进行简单的任务操作，如发送短信、设置闹钟和查询天气，还能回答复杂的问题、提供导航、控制智能家居设备（如灯光、空调和音乐播放等）。

Siri 的出现，极大地改变了人们与智能设备的交互方式。它不仅提高了智能手机的使用便捷性，还为智能语音助手的发展树立了标杆。Siri 的成功，标志着语音技术在消费电子领域的广泛应用，为其他科技公司开发类似产品提供了借鉴。

术语解密

语音识别技术

语音识别技术是一种将人类语音转换为计算机可理解的文本格式的技术，它就像是一个超级翻译官，把我们说的话翻译成文字。它是怎么工作的呢？

第一步：提取声音特征

计算机系统通过麦克风将语音信号转换为电信号，这些信号最初以波形形式呈现为模拟信号。随后，计算机按照特定的采样和量化规则将模拟信号转换为数字信号，这些数字信号以离散的数值形式表示，便于计算机进行处理。接下来，计算机从这些数字信号中提取出声音的特征，这些特征有助于计算机更准确地识别和区分声音。在这一过程中，常用的特征提取工具是梅尔频率倒谱系数（Mel-Frequency Cepstral Coefficients, MFCC）。MFCC 通过将音频信号分成多个梅尔频率尺度上的频带，计算每个频带的能量，然后进行对数压缩和离散余弦变换，最终得到一组特征向量，这些特征向量能够有效地描述语音信号的频谱特性。

第二步：建立声音和字的联系

计算机系统通过隐马尔可夫模型（Hidden Markov Model, HMM）来解析声音信号与语言中的音素（如汉语中的“b”“p”“m”）之间的映射关系，该模型可以被视为一个包含多个状态的系统，每个状态对应一个声音特征，系统根据接收到的声音信号特征推断出相应的音素。近年来，深度神经网络（Deep Neural Network, DNN）作为一种更为先进的工具，能够直接从声音信号中学习音素特征，从而更高效地处理语音识别任务。

第三步：理解语言规律

有些词经常和另外一些词一起出现，就像“帅气的”后面很可能是一个名词（如“男孩”），计算机系统通过分析大量文本数据来学习语言的规律（词汇共现模式），这一过程主要依赖于 n-gram 模型和神经网络语言模型（Neural

Network Language Model, NNLM）。n-gram 模型统计相邻词汇序列出现的概率，而神经网络语言模型则通过深度学习技术捕捉词汇之间的复杂关系，这些模型能够更好地理解词汇之间的关联性，从而提高语音识别的准确性。

第四步：找到最可能的文字

最后，计算机系统会综合之前学习到的声音与音素映射之间的关系以及语言规律，通过维特比算法（Viterbi Algorithm）来寻找最可能的文字序列。维特比算法是一种动态规划算法，能够在复杂的概率网络中高效地找到最优路径，从而确定最合理的文字组合。

棋盘上的智慧之战：AlphaGo 与李世石的对决

图 1-2　人与机器人的对决

2016 年，一场变革在围棋界掀起了波澜。由谷歌旗下 DeepMind 公司开发的人工智能程序 AlphaGo，挑战了世界围棋冠军李世石。AlphaGo 对李世石的五局比赛结果是 4 胜 1 负。随后的几年，AlphaGo 的继任者 AlphaGo Zero 和 AlphaZero，更是在围棋和国际象棋领域展现了人工智能的惊人潜力。

通常，一个人工智能程序在棋类游戏中战胜人类顶尖高手只会在专业棋手和科技爱好者中引起轰动，但 AlphaGo 可不是“普通的”围棋程序。它不仅代表了人工智能在深度学习和强化学习领域的最新进展，也是一个时代的符号——标志着人工智能开始在需要高度策略和创造性思维的领域中崭露头角，更是引发了对人工智能未来角色的广泛讨论，激发了人们对人工智能如何与人类协作，以及如何影响教育、工作和社会结构的深思。

超级细菌的克星：海利霉素的发现

图 1-3 三维渲染蓝色 DNA 分子结构

2020 年，麻省理工学院的科学家们迎来了一个令人振奋的消息——他们发现了一种新型抗生素，这种神奇的药物能够消灭那些对所有已知抗生素都产生耐药性的超级细菌！

研发一种新药可不是一件容易的事。通常，科学家们需要花费数年的时间，投入大量的金钱，从成千上万的分子中筛选出少数几个有潜力的候选分子。这就像是在大海捞针，需要不断地尝试和猜测，才能找到那个真正有效的分子。麻省理工学院的科学家们决定走一条与众不同的路——他们让人工智能参与了研发过程！

这些科学家开发了一个由 2000 个已知分子组成的“训练集”，这个训练集包含了每一种物质的数据，从原子量到化学键的类型，再到它们抑制细菌生长的能力。人工智能通过这个训练集，学会了哪些分子具有抗菌能力，甚至发现了一些人类尚未概念化或分类的特质！训练完成后，科学家们让这个超级智能的人工智能去筛查一个包含 61000 个分子的数据库。这个数据库里有美国食品药品监督管理局批准的药物，也有天然的产物。人工智能的任务是找到具备以下特质的药物分子：预测有效，与任何现有的抗生素不相似，预测无毒性。

在 61000 个分子中，人工智能终于找到了一个符合所有标准的分子！科学家们给它取了一个酷炫的名字——Halicin（海利霉素），这个名字是为了致敬电影《2001 太空漫游》中的超级计算机哈尔（HAL）。麻省理工学院项目的负责人兴奋地表示，通过传统的研发方法获得 Halicin 的成本"过分高昂"，几乎是不可能实现的。但通过训练一个软件程序来识别已被证明能有效抗菌的分子结构模式，整个过程变得高效且经济得多。

从 GPT-1 到 GPT-4：人工智能的超级进化

2018 年，一个名叫 GPT-1 的机器人诞生了！它是由美国一家公司——OpenAI 开发的。这个机器人很特别，因为它有一个神奇的大脑，叫作 Transformer 架构。GPT-1 虽然很聪明，但它还想变得更厉害。于是，在 2019 年，OpenAI 公司给它升级成 GPT-2。GPT-2 比 GPT-1 更强大，它可以生成超级流畅的自然语言文本，就像一个真正的作家一样！因此，OpenAI 公司的科学家们有点儿担心，他们怕 GPT-2 太厉害了，会被坏人利用。到了 2020 年，

图 1-4 ChatGPT

GPT-2 又升级成了 GPT-3！这个新版本的 GPT 拥有 1750 亿个参数，它不仅可以生成流畅的文本，还能编写代码、创作诗歌，甚至模拟对话！ChatGPT 是基于 GPT-3 的一个特定应用，专门用于对话生成。它通过大量的对话数据进行微调，使其在对话场景中表现更好。

科技界都被 GPT-3 的强大能力震惊了，大家开始思考人工智能的潜力和未来。微软联合创始人比尔·盖茨（Bill Gates）认为，人工智能有能力改变世界。沃伦·巴菲特（Warren E. Buffett）称，人工智能将颠覆社会，它可以取代一些工作岗位，虽然这可能导致某些领域的就业大幅减少，但这对社会的发展有推动作用。特斯拉创始人埃隆·里夫·马斯克（Elon Reeve Musk）认为，人工智能将是人类未来文明的最大风险之一。人工智能既有积极的一面，也有消极的一面，它有巨大的前景和能力，但随之而来的是巨大的危险。

2023 年，科学家们决定给 GPT-4 增加更多的“大脑细胞”。他们将模型的参数数量从 1750 亿个增加到了 3000 亿个，这意味着 GPT-4 可以记住和处理更多的信息，就像一个超级计算机一样，GPT-4 不仅可以生成流畅的文本，还能创作出独一无二的音乐、绘画等艺术作品。

人工智能不再是科幻小说中的幻想，而是正在改变我们生活和工作方式的现实力量。随着技术的不断进步，我们可以预见，人工智能将继续推动各个领域的创新，为人类社会带来前所未有的变革。

从实验室到全球市场：“秧 BOT”宇树机器人的自主创新之路

2025 年央视春晚主会场，由张艺谋执导、杭州宇树科技与新疆艺术学院联合呈现的科技舞蹈《秧 BOT》震撼首演。16 台身着东北大花袄、手持红绸手绢的宇树 X1 仿生人形机器人与新疆艺术学院舞蹈系学生共同演绎了传统秧歌，这是一次与赛博美学的跨界对话。

技术突围：攻克伺服电机壁垒

2016 年，王兴兴团队在浙江大学研发四足机器人时，国产伺服电机存在一个致命缺陷——当扭动幅度超过 30° 时，传统谐波减速器的回差会导致姿态崩溃、运动失控，而当时进口电机成本占比达 67.3%，严重制约商业化进程。王兴兴认为，必须攻克自研电机，否则我们永远造不出消费级产品。正是这份不甘，催生了宇树科技的核心突破。2017 年，宇树科技发布自研的 M80 伺服电机，扭矩密度 22.5Nm/kg，成本仅为日本同类产品的 35%。

成本革命：把机器狗卖成“科技白菜”

当波士顿动力 Spot 在 2019 年以 74500 美元的定价震动业界时，2021 年，宇树科技推出仅售 2700 美元的 Go1 开发者版，这款搭载 M107 自研关节电机的机器狗，通过三项创新实现成本碾压，掀开了四足机器人市场的“铁幕”：

◇ 48V 高压架构：比 Spot 的 24V 系统减少 70% 线缆重量。

◇ 3D 打印骨骼：减少铝合金用量 33%。

◇开源运动库：吸引全球开发者贡献代码，降低软件生态构建成本。

登顶时刻：从追赶到定义标准

2023 年，宇树科技的非线性模型预测控制（NMPC）算法，使宇树 H1 人形机器人实现 12ms 动态平衡响应，快于波士顿动力 Atlas 的 25ms。

星辰大海：中国智造的未来宣言

2024 年，宇树科技的四足机器人出货量达 3.2 万台，占全球 69.75% 份额，伺服电机国产化率 98.7%，这标志着中国在高端机器人领域实现从技术追赶到体系创新的历史跨越。

“核心技术买不来，但一定攻得破”。此刻，新一代工业机器人正走下产线，它们的伺服电机发出嗡鸣声，恰似这个制造强国迈向科技强国，铿锵有力。

国产大模型：崛起的新浪潮

自 2017 年国务院颁布《新一代人工智能发展规划》以来，我国人工智能技术发展进入快车道。2025 年 2 月，深圳市福田区率先引入由 DeepSeek 赋能的 70 名 AI 数智员工。在短短数日内，这些 AI 员工便展现出卓越的工作效能：在公文处理方面，格式修正准确率高达 95% 以上，审核周期缩短 90%，错误率控制在 5% 以内；在应急管理领域，它们能以秒速生成执法笔录及相关文书；在民生服务方面，诉求分拨准确率从 70% 跃升至 95%，显著提升了服务效率与质量。

2015 年，埃隆・里夫・马斯克先生参与创立 OpenAI，其初衷在于通过开源模式打破谷歌在人工智能领域的垄断，促进人工智能技术的普及与发展。然而，历经十年发展，OpenAI 已转型为一家闭源商业实体，并与微软公司建立了深度合作关系，其商业化导向亦

图 1-5 DeepSeek

引发了诸多伦理层面的讨论。与 OpenAI 不同的是，2025 年 2 月 24 日，DeepSeek 公司启动“开源周”活动，以高度透明的方式向全球开发者分享最新的研究成果，每日开放一个代码库。3 月 1 日，该公司发布了题为《DeepSeek-V3/R1 推理系统概览》的技术文章，详细阐述了其模型推理系统的优化细节。3 月 4 日，在十四届全国人大三次会议上，大会发言人娄勤俭点赞 DeepSeek 公司，称其开源共享的技术路线为世界贡献了中国智慧。

正如 DeepSeek 公司创始人梁文峰所言：“中国的 AI 不能永远做跟随者。”如今，在开源生态的推动下，伴随算力基础设施的持续升级以及人才培养体系的日臻完善，中国有望在大模型领域实现从追赶到引领的跨越，为全球人工智能发展贡献中国智慧和中国方案。

术语解密

AlphaGo 是怎么训练的?

事实上，AlphaGo 的训练过程与我们的学棋过程非常相似，主要分为自我对弈、神经网络训练和网络评估三个阶段。

自我对弈

当我们刚刚开始学习下棋时，完全不知道如何取胜，只能根据规则随机地在棋盘上落子。AlphaGo 也是如此，通过自我对弈的方式从零开始学习围棋，通过蒙特卡洛树搜索（MCTS）进行自我对弈，生成训练数据，并在没有人类数据的情况下进行自我提升。

神经网络训练

随着下棋的次数越来越多，我们开始注意到某些落子方式似乎能带来优势，而其他的则可能导致失败。AlphaGo 也是如此，通过自我对弈生成的数据不断学习和调整，以更好地预测落子策略和评估棋局，这个神经网络就像我们的大脑，通过不断尝试和犯错来学习。

神经网络在图像处理中的应用非常广泛，尤其是在人脸识别领域。人脸识别技术可以通过计算机视觉系统识别和验证个体身份。

网络评估

随着技能越来越娴熟，我们开始挑战更有经验的玩家，思考如何提高游戏胜率：预判落子后，自己和对手的下一步、再一步甚至再下一步，模拟接下来的棋局，并反推当下最好的走法。如果赢了，我们会想：“为什么赢了？哪一步走得好？”如果输了，我们又会想：“为什么输了？哪一步走错了？”之后我们会调整自己的策略，以便下次下得更好。AlphaGo 也是如此，通过一定数量的对局形成新旧网络，指导蒙特卡洛树搜索进行对弈，评估新训练出的网络是否比旧网络更强，如果新网络在对局中表现更好，它将取代旧网络。最终，它变得擅长围棋，以至于能够击败棋艺界技术最强的人类选手。

第二章
智能创作

科技飞速发展的时代浪潮中，人工智能正以前所未有的速度改变着我们的生活与学习方式。生成式人工智能（Artificial Intelligence Generated Content，AIGC）的兴起极大地解放了人类的内容生产力，将数字文明送入智能创作时代。AIGC 的崛起，如同夜空中绽放的璀璨烟火，为我们打开了一扇充满无限可能的创意之门。

核心问题

1. 什么是人工智能？什么是生成式人工智能？二者有什么异同？
2. 机器学习和深度学习在 AIGC 中扮演什么角色？它们如何支持内容生成？
3. 如何利用 AIGC 技术进行文本、图像、音乐和视频的创作，它们在实际生活中的应用场景有哪些？
4. AIGC 在隐私保护、版权问题和伦理道德方面面临哪些挑战？

技能导航

1. 理解 AIGC 的概念、基本工作原理及其应用领域。
2. 能够基于真实生活情境需求，利用 AIGC 工具解决实际问题。
3. 能够批判性地分析 AIGC 技术的优势和局限。

一、初识 AIGC

（一）任务导航

编程任务

1950 年，数学家艾伦 · 麦席森 · 图灵提出了一个非常有趣的问题：如果计算机变得足够聪明，甚至能像人类一样思考，我们该如何判断它是否真正具备“思考”的能力？为了解答这个问题，图灵提出了一个富有创意的想法——图灵测试。图灵测试的核心问题是：如果你与一台计算机通过文字交流，而无法分辨对方是人类还是计算机，那么这台计算机就可以被认为“通过”了图灵测试，也就是它具备了某种程度的“人工智能”能力。

如今，生成式人工智能声称是最接近通过图灵测试的技术之一。那么，它到底是如何实现这一目标的呢？又是如何发展而来的呢？本节将带领大家一探究竟。

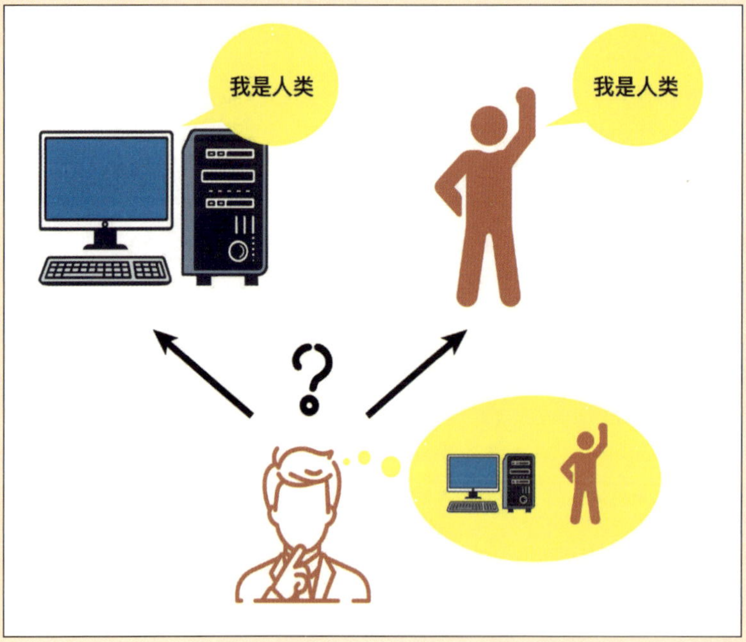

图 2-1　图灵测试

（二）知识宝库

知识宝藏

1. 什么是生成式人工智能

生成式人工智能（Artificial Intelligence Generated Content，AIGC），也被称为人工智能生成内容，是一种依托机器学习、自然语言处理、计算机视觉等先进技术的创新应用。它能够根据用户需求，利用事先训练好的多模态大模型，生成具有逻辑性和连贯性的内容。

简单来说，生成式人工智能就像一个创意无限的艺术家，能够根据我们提供的指令或提示，创作出全新的作品。它不仅可以撰写文章、绘制图画，甚至还能创作歌曲。其核心技术在于，它能够从海量数据中学习抽象概念，并通过这些概念的组合生成独特、创新的内容。

Q 生成式人工智能和传统的人工智能技术有什么不同呢？

A

生成式人工智能与传统人工智能最大的不同在于是否具有创造力。

生成式人工智能（AIGC）更加注重创造性和生成能力。它不仅能够理解和处理信息，还能根据给定的输入内容生成新的、有价值的内容，比如文本、图像、音频等多媒体内容，以及设计算法、生成程序等。这使得生成式人工智能在创造和创新方面具有巨大潜力，能够大大缩短完成像构思过程这样的任务所需的时间。

相比之下，**传统人工智能**侧重于模拟人类的智能行为，如逻辑推理、问题求解、语言理解等。传统 AI 系统通常依赖于预设的规则和算法，通过编程实现特定的功能。例如，早期的专家系统、图像识别系统和自动化控制系统都属于传统 AI 的范畴。这些系统在某些特定任务上表现出色，但往往缺乏灵活性和创新能力。

术语解密

机器学习和深度学习

机器学习是一种让计算机通过分析大量数据来学习如何完成任务的技术，可以看作是教计算机通过数据学习如何做决策或预测。就像你通过做题和练习来提高数学能力一样，计算机通过大量的数据和实例来“训练”自己，从而变得更聪明。

例如：假设你要教计算机识别不同的水果（比如苹果、香蕉、橙子）。你会给计算机大量关于这些水果的图片，并告诉它每张图片分别是哪种水果。计算机会通过这些图片来学习每种水果的特征（比如苹果是红色或绿色的，香蕉是黄色的）。通过这种方式，计算机就学会了根据图片判断水果的种类。

深度学习是机器学习中的一个“高级”部分，可以认为它是机器学习的一个子集。深度学习特别擅长处理复杂的数据，尤其是图片、声音和文本。这种方法模仿了人类大脑的工作原理，使用了非常复杂的神经网络（就像人类大脑中的神经元一样）。它能够自动从数据中发现更细致、更复杂的规律，不需要人们手动去提取特征。也就是说，它能从更原始的、未经处理的数据中学习，并做出非常精准的判断。

例如：你想教计算机识别猫和狗的照片，普通的机器学习可能需要你告诉计算机“猫的耳朵长、毛发有点儿短”这样的规则，而深度学习则能在成千上万的猫狗照片中自动找出猫和狗的不同特征（比如猫的眼睛通常更大，狗的鼻子比较湿润）。这就是深度学习的强大之处，它能自动发现更细致的规律。

Q 机器学习和深度学习有什么区别呢？

A **机器学习**通过训练模型从数据中学习并做出预测，它更依赖于我们人为的特征提取（比如教计算机识别水果的颜色、外形等）。

深度学习是机器学习的一种，它使用更复杂的神经网络，并能够从大量的数据中自动提取特征，适用于更复杂的任务（比如图像识别、语音识别等）。

简单来说，深度学习是一种“智能更强”的机器学习方式，能够自动从复杂数据中发现规律，而机器学习则需要更多人工干预来指导计算机如何学习。

A

知识宝藏

2. 揭秘 AIGC 的前世今生

AIGC 的发展主要经过以下四个阶段：

① 早期萌芽阶段（1957 年—2014 年）

1957 年，美国化学博士 Lejaren Hiller 利用计算机程序进行自动作曲，创作了人类历史上第一首完全由计算机完成的音乐作品《伊利亚克组曲》（*Illiac Suite*）。

图 2-2 《伊利亚克组曲》（*Illiac Suite*）

1966 年，世界第一款可人机对话机器人“Eliza”诞生。Eliza 通过扫描判断用户输入的信息是否存在关键字，并将这些关键字组成新的句子，用以回复用户。Eliza 的名字源于爱尔兰剧作家萧伯纳的戏剧作品《卖花女》中的女主角 Eliza Doolittle。剧中，Eliza 从一个卖花女通过学习变成了一位令人艳羡的“匈牙利皇家公主”。

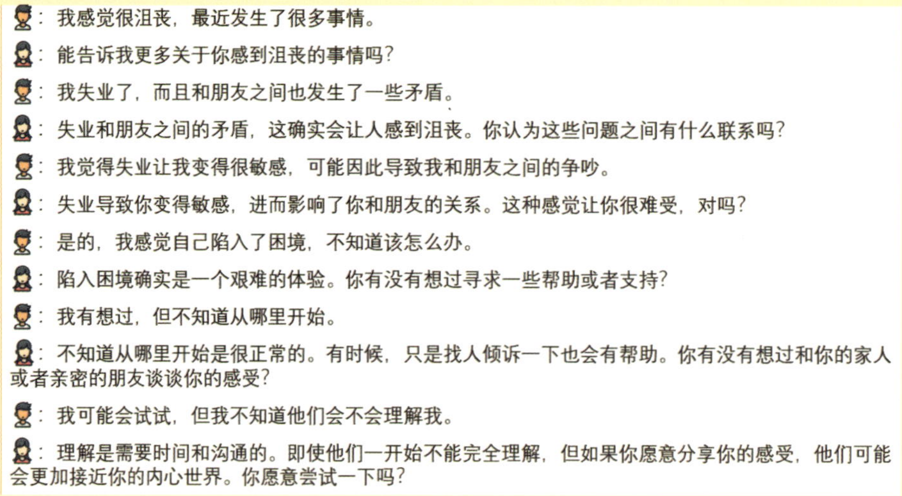

图 2-3　Eliza 对话模拟

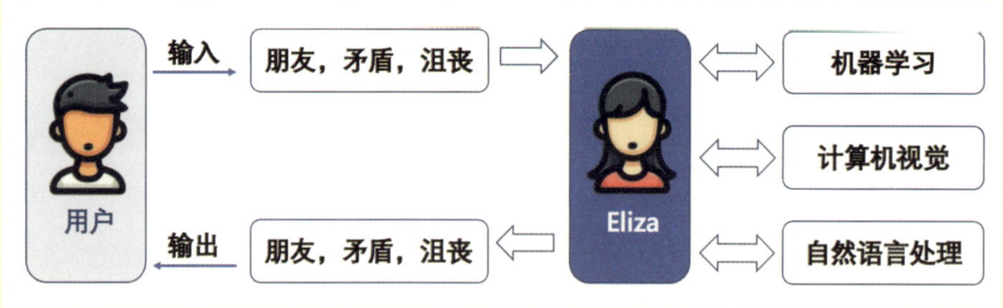

图 2-4　Eliza 对话逻辑

这一阶段的生成式人工智能存在所生成的内容逻辑单一、以目录的形式供给资源、无法大范围测验、实用性较低、高成本且难以商业化、人类在内容生成中的参与程度高等局限。

2 沉淀积累阶段（2014 年—2017 年）

2014 年，早期内容生成模型：生成对抗网络（GAN）诞生。生成对抗网络是一种由两个相互竞争的神经网络组成的人工智能系统，其中一个网络（生成器）负责创造越来越逼真的假数据，而另一个网络（判别器）则努力区分真假数据。

2015 年，扩散模型（Diffusion Model）诞生，大幅度提高了 AI 绘画、作曲水平。扩散模型源于自然界的扩散现象，它通过一个逐渐“去噪”的过程来生成图片或其他内容。你可以把它想象成一个艺术家从一张“乱七八糟”的涂鸦开始，然后一点一点地让它变得越来越清晰，直到最终呈现出一幅漂亮的画作。扩散模型从一张完全随机、充满噪点（像电视屏幕没有信号时的雪花点）的图像开始，这个图像完全没有意义，看起来像是一个“涂鸦”或者“杂乱的噪点集合”，然后，逐步对这张图像进行“去噪”，也就是慢慢地去除其中的随机噪点，就像是把一张模糊的照片一点一点地变清晰，直到最终变成一幅有意义的图像。

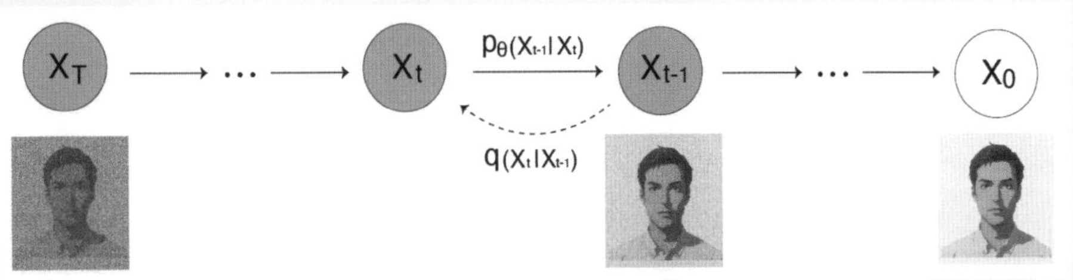

图 2-5 扩散模型的反向扩散模型

这一阶段的生成式人工智能开始生成图像、视频、语音、三维视图等内容，但内容生成简易且质量低，使用门槛和训练成本高，人类依旧以开发者的身份参与到内容生成中。

③ 渐变发展阶段（2017 年—2021 年）

2017 年，谷歌公司推出基于自注意力机制的神经网络模型——Transformer 模型，用于处理序列数据。Transformer 模型主要由两部分组成：编码器（Encoder）和解码器（Decoder）。它通过一种叫作“注意力机制”的方法，快速找出句子中各个词之间的重要关系。与传统的模型按顺序逐个儿处理单词不同，Transformer 可以同时处理所有单词，显著提高了处理速度和理解能力。这使得它在处理长句子或复杂语言时非常有效。Transformer 模型自提出以来，在自然语言处理领域取得了广泛的应用，包括但不限于机器翻译、文本生成、文本分类、情感分析、问答系统等。此外，Transformer 模型也被应用于计算机视觉、语音识别等其他领域，展示了其强大的跨领域适用性。

2020 年，神经辐射场（NeRF）、BERT、NLP、CV 等多种预训练模型相继出现，相互融合、相互促进，共同推动了生成式 AI 技术的不断发展和创新。

这一阶段的生成式人工智能实现了对文本进行编码并转换为目标语音文本、生成不同视角的图片，开始满足高精度、高质量的文本和图片处理需求，商业模型逐步明朗，人类在内容生成过程中参与程度较低。

④ 快速发展阶段（2021 年至今）

2022 年 11 月 30 日，OpenAI 公司发布自然语言处理工具。ChatGPT，它能够基于预训练阶段的数据和统计规律生成对某一问题的回答，还能根据聊天的上下文进行互动。

2023 年，我国生成式人工智能发展表现出显著的活力和创新。百度文心一言、科大讯飞星火、阿里通义千问等大模型相继推出。

2024 年 5 月 14 日，OpenAI 公司推出多模态语言模型 GPT-4o。其中，o 即 omni（全能）。GPT-4o 支持实时处理音频、视觉和文本信息，并同时处理 50 多种语言，极大提高了响应速度和质量。

2024 年 9 月 13 日，OpenAI 公司发布 OpenAI o1。OpenAI o1 模型就像一个特别聪明的同学，在回答问题前会在脑海里深入思考，它不只是直接给你一个答案，还会列出思考和推理过程，同时会在尝试解决问题过程中识别并纠正错误，将复杂的步骤拆解成简单的部分。而且，如果它发现现在用的方法不行，它还会换别的方法再试试看，直到找到正确答案为止。

这一阶段的生成式人工智能所生成的内容逐渐向多模态融合的方向发展，能进行自然语音和计算机视觉分析，能通过训练输出目标文字特征和图片并确认匹配，能自我进化与自我开发。

（三）任务工作坊

请你化身“AI 历史探索者”，借助 AIGC 工具，完成“生成式人工智能发展历史时间轴”。

自评卡

评价维度	评价标准	得分
目标达成度	能否判断生成式人工智能与传统人工智能的区别	
	能否说出什么是机器学习	
	能否说出什么是深度学习	
	能否介绍 AIGC 的发展历史	

二、AI 创作

（一）任务导航

中秋节是一个象征团圆与思念的传统节日，月圆之夜，仿佛所有的故事都在这一刻静静流转。在这个特别的节日里，我们将利用前海港湾学校 AI 平台来创作属于我们的“‘月满中秋’艺术展”。你可以让 AI 为你编写一段关于中秋的温馨故事，描绘一个美丽的月光夜景，或创作一段充满节日气息的梦幻影片，等等。通过这个活动，我们不仅能探索 AIGC 的强大功能，还能体验如何通过智能工具将自己的创意变为现实。快来和我们一起，开启这场充满创意与探索的中秋之旅吧！

图 2-6　中秋拜月（图片来源于前海港湾学校 AI 平台）

（二）知识宝库

知识宝藏

3. 解锁 AIGC 的花样功能

生成式人工智能在自然语言理解和内容生成方面，体现出如下核心能力：

A. 多风格、多任务、长文本生成能力

想象一下，如果有一个作家能够同时写出莎士比亚写作风格的戏剧、海明威写作风格的小说和李白写作风格的诗词，那得多厉害！生成式人工智能就像这样的全能作家，能够根据你的需求，变换多种风格，完成各种写作任务，无论是短小精悍的推文还是长篇大论的论文，它都能轻松搞定。

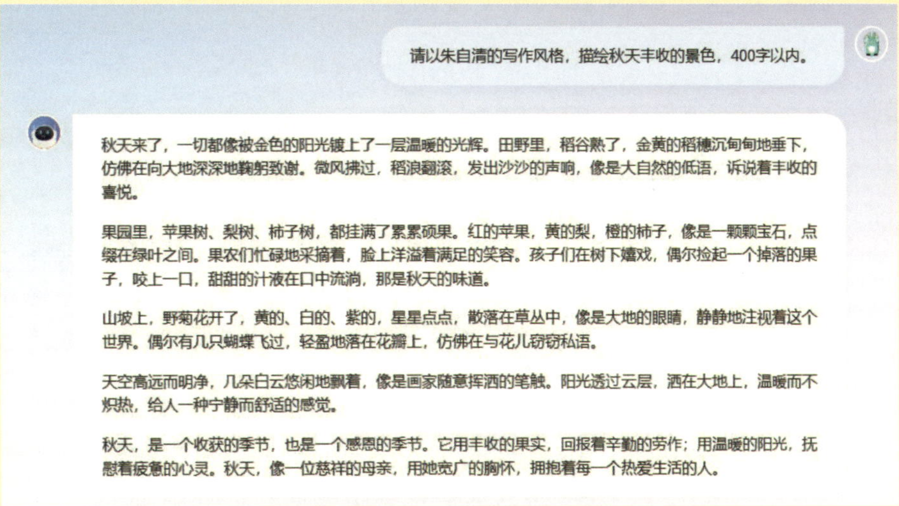

图 2-7　朱自清写作风格的秋景描写

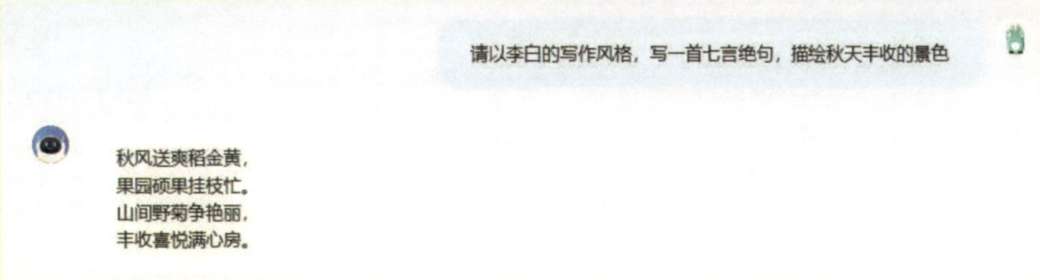

图 2-8　李白写作风格的秋景描写

B. 多层次、跨语种、语言理解能力

想让 AI 成为“语言达人”？没问题！它不仅能理解你用中文说的话，还能理解你说的英文、法文，甚至是西班牙语，都能毫不费力地进行翻译或答复。而且，最酷的是，它能理解每种语言中的多层次含义，从字面到隐含内容，都能准确把握。

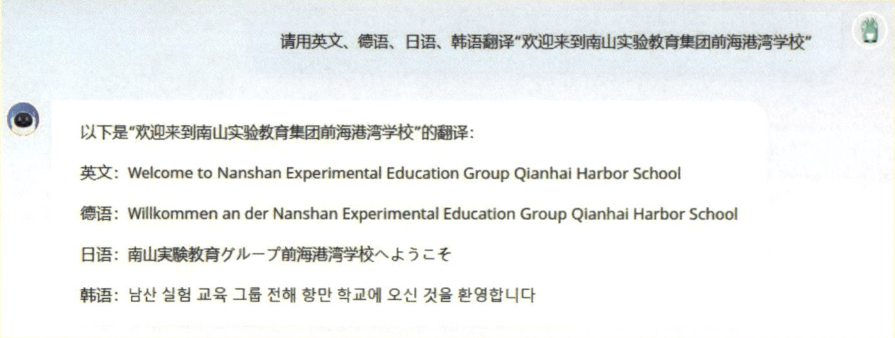

图 2-9　多语种翻译功能

C. 泛领域、开放式、知识问答能力

你有什么问题尽管提问，不管是天文、地理、历史，还是编程、音乐、电影，AI 都能快速给出答案。它就像一个活字典和百科全书，所有领域的知识都在它的“大脑”里，无论问题多么开放、复杂，它都能给你一个合理的答复。

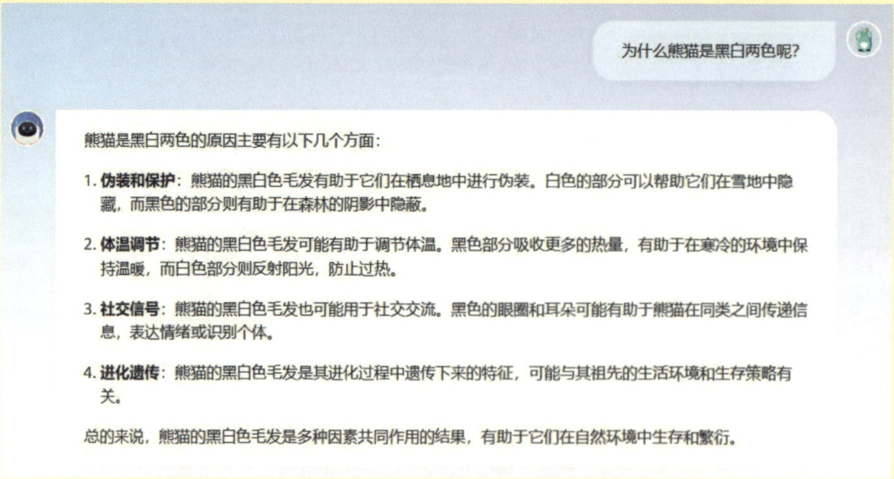

图 2-10　知识问答功能

D. 情境式、思维链、逻辑推理能力

不仅如此，AI 还具备超强的“推理能力”。它不仅能回答简单的问题，还能在复杂的情境中，通过一步一步的思维链推理，得出答案。比如，给它一堆线索，它就能推理出隐藏在背后的真相，简直像个侦探！

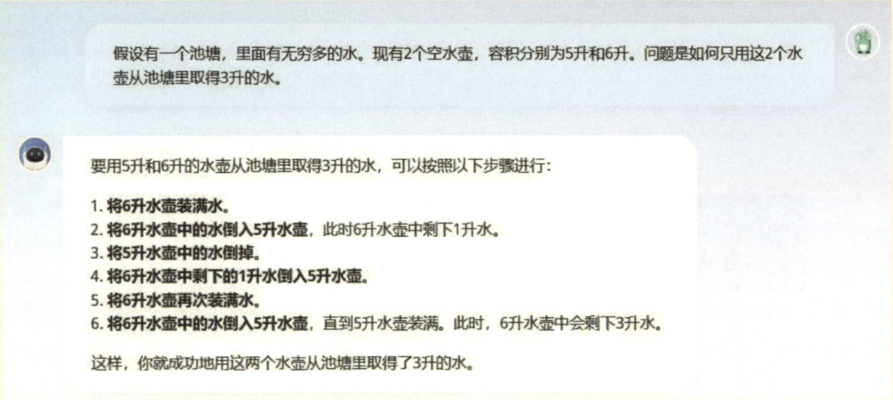

图 2-11　推理问答功能

E. 多题型、可解析、数学计算能力

数学难题交给它，放心！不论是简单的加减乘除，还是复杂的代数、几何，甚至微积分，AI 都能迅速理解题目并给出解答。它还能分析各种题型，帮助你理清思路，像个数学家一样，解题又快又准。

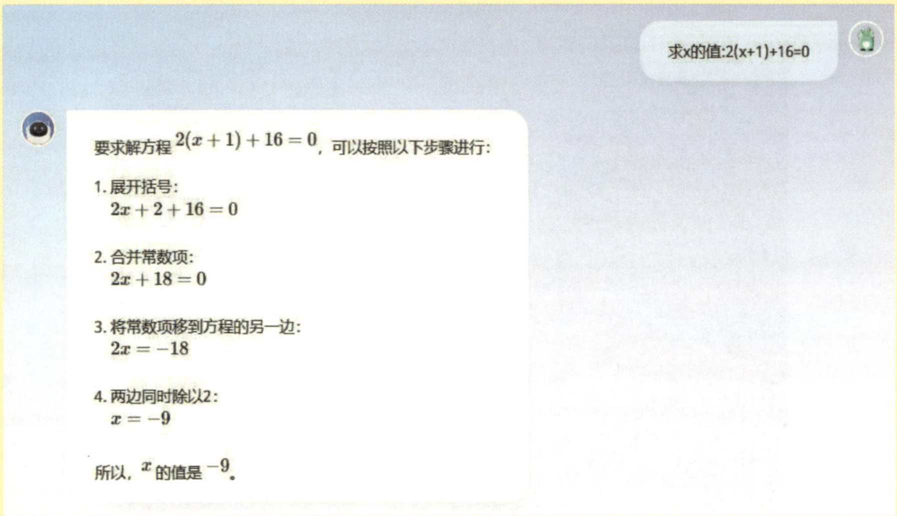

图 2-12　数学计算功能

F. 多功能、多语言、代码编写能力

编程遇到瓶颈？AI 来帮忙！它不仅懂得各种编程语言（Python、Java、C++ 等），还能帮你编写代码、调试程序，甚至根据你的需求提供完整的代码框架。你想让它做什么，它就能用不同语言的代码帮你完成。

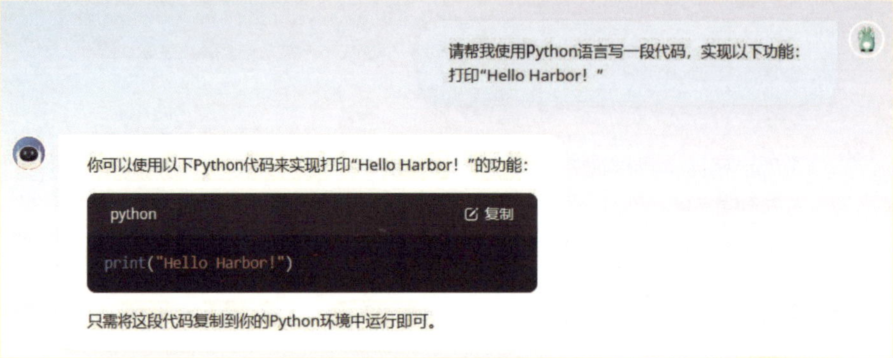

图 2-13　代码编写功能

G. 多模态输入和表达能力

最后，AI 还具备超强的多模态能力——它不仅能理解文本，还能处理图片、音频、视频等多种信息。

图 2-14　图片生成功能

知识宝藏

4. 解锁 AIGC 的应用场景

AIGC（生成式人工智能）的应用场景非常广泛，涵盖了许多行业和领域，能够帮助人们提高创作效率、激发创意并实现自动化，如表 2-1 所示。

表 2-1 AIGC 的应用场景

类型	应用场景	场景描述
教学助手	智能化教学设计	AIGC 可以像一个超智能的教学设计师，根据学生的学习需求，自动生成课堂计划、教案以及教学活动。它能根据学生的学习进度和兴趣，智能匹配符合新课标的教学任务、教学活动，就像一位经验丰富的老师时刻陪伴在旁，帮助你设计最适合学生的教学内容
	教学资源协作共创	老师们不再需要单打独斗！ AIGC 可以整合全球的优质教学资源，快速生成符合教学大纲的多媒体内容，帮助老师节省大量时间，让课堂内容更加丰富多彩
	教学设计优化	根据设定的评估标准，对教案的各个组成部分进行评估，生成具体的优化建议，如教学目标的调整、教学方法的改进、评价方法的优化等，帮助老师提升教学设计的整体质量
	多样化试题生成	AIGC 可以根据学科、知识点、难度等级等信息批量生成试题；或者根据教师上传的样例试题的文字内容、公式、图片来生成相似解题技巧、知识点内容的新试题

续表

类型	应用场景		场景描述
学习助手	语文	作文批改	AIGC 能快速批改作文，帮学生分析语法、用词、结构，甚至给出改进意见，让学生快速提升写作能力。它就像一个永远不会疲倦的写作导师，随时为你提供帮助
		写作指导	遇到写作瓶颈时，AIGC 就像一个灵感源泉，随时为你提供建议，帮助你打破思维的桎梏，甚至给出文章结构、论点的构思，让你的文章更加出彩
		阅读理解	AIGC 像一位耐心的老师，帮助你轻松解读文章。不仅能帮你解释不懂的段落，还能提出相关问题，检测你的文本理解程度
		文生图	有了 AIGC，学生只需简单地输入一个文本描述，它就能生成一幅与之相关的图像。例如，写出“春天的花园”，AIGC 就能根据文字内容，生成一幅充满生机的春日花园图，帮助学生在学习中可视化知识
	数学	答疑辅导	遇到不懂的问题？AIGC 会随时为你解答，无论是数学、英语还是科学，AI 像一位聪明的私人导师，会为你提供详细的解答过程，帮助你理解每一个难题
		作业批改	作业太多、批改太烦？AIGC 能帮忙批改作业，不仅高效，还能给出针对性的反馈意见，帮助学生发现自己的错误和改进之处，节省教师的时间，让学习更轻松

续表

类型	应用场景		场景描述
学习助手	英语	情境对话	当学生进行口语对话练习时，AIGC 凭借卓越的对话和翻译能力，结合语音识别、语音生成和虚拟数字人等多模态技术，为学生提供场景化的交互对话环境。同时，根据学生的口语信息，提供个性化实时口语反馈，与学生完成多轮口语对话。AIGC 支持的情境对话可以增加对话环境的真实感，提高学生口语练习的沉浸感
		对话纠错	学生在进行口语对话过程中，AIGC 利用其语法分析和检错能力，对学生回复的英语口语内容进行语法分析和错误检查，并实时反馈错误点和修改建议，帮助学生针对性提高口语语法薄弱点，提升语言学习效率
		对话翻译	在口语对话中，当学生遇到理解困难或表达障碍时，AIGC 可以提供便捷的翻译服务。与传统的机器翻译相比，AIGC 的翻译技术不仅在翻译效率上更胜一筹，更重要的是它能够深入理解文本的上下文语境和语义，确保翻译结果的准确性和流畅性 此外，AIGC 还具备专业领域翻译的能力，能够应对各种专业术语和复杂句式的翻译需求，从而大大提高翻译结果的通用性和实用性
	理综	实验设计	根据学习要求，辅助学生设计实验方案，具体包括实验目的、实验准备、实验步骤、实验预期结果等

续表

类型	应用场景		场景描述
学习助手	文综	知识问答	任何你不知道的问题，AIGC 都能快速给出精准的答案。不管是历史、地理，还是天文、科学，它都能提供清晰明了的解答，充当你随时可以求助的“百科全书”
	艺术	作品鉴赏	AIGC 能帮助学生理解和欣赏各种艺术作品，如文学作品、电影、音乐等。它能分析作品的背景、结构和主题，帮助学生从更深层次理解艺术作品的价值
		多风格作品生成	想尝试不同风格的作品创作？AIGC 能够根据你的提示，生成不同风格的文本、图像、音乐等作品，从古典到现代，从严肃类到幽默类，创意无限，任你尝试
心理辅导	心理状态评估		AIGC 可以通过分析学生的视频、语音、文字等多模态信息，收集学生的必要信息数据，包括基本情况、表情、语速语调和交流内容等，评估他们的心理状态，让教师更早发现学生的心理问题，并及时干预
	情感对话生成		情绪感知对话生成模型（Emotion-aware Chat Machine，EACM）能够识别和理解用户的情绪，并据此生成带有特定情感的对话回复。当学生感到困惑、焦虑或情绪低落时，AIGC 能进行情感对话，安慰并提供心理支持，仿佛一位贴心的朋友，帮助学生平复情绪

续表

类型	应用场景	场景描述
心理辅导	心理指导和建议	心理大模型具有丰富的心理学知识，可以实现简单的心理咨询，并能够根据用户的个人背景、心理状况和需求，结合专业知识库提供个性化的心理指导与建议。如果心理大模型检测到学生出现严重情绪问题或危机，会及时报告老师和校方，并提示转介给专业心理辅导师或心理健康机构进行进一步干预
编程助手	代码编写	对于程序员而言，AIGC 就像一个智能编程助手，能够根据需求自动编写代码，节省开发时间，让编程变得更加高效
	代码调试	当代码出现问题时，AIGC 能快速分析并找出错误，给出解决方案，帮助程序员轻松调试代码，提高代码的质量和效率
	代码解释	对于新手程序员来说，AIGC 不仅能写代码，还能详细解释每一行代码的功能，帮助你理解代码的工作原理。它就像一位聪明的编程导师，帮助你提升编程水平

神秘拓展

AIGC 和搜索引擎能力大比拼

AIGC 和传统的搜索引擎在功能和运作原理上存在明显差异，主要体现在以下几个方面：

A. 信息生成与检索

AIGC：它更倾向于“创造”新信息。AIGC 通过大量的数据学习，能理解你提的问题，并直接给出答案，甚至创造出新的内容，比如文章、图片、音乐等。

搜索引擎：它主要是“查找”已有的信息。搜索引擎会爬取、索引互联网上的网页，当你搜索某个问题时，搜索引擎会返回与查询最相关的网页链接。

B. 交互方式

AIGC：你可以像和人对话一样，直接用自然语言（就像和朋友聊天一样）向 AIGC 提问，它会理解你的问题并回答你。

搜索引擎：你通常需要输入一些关键词，告诉搜索引擎你想找什么信息，查询的方式相对比较简单和固定。

C. 信息时效性

AIGC：生成的答案不一定是最新的，因为 AIGC 的知识是基于过去的数据学习的，它的内容更新不像互联网信息那样快速。

搜索引擎：它能提供实时的信息，特别是新闻、事件等内容，搜索引擎能快速找到最新的网页或报道，保证信息的时效性。

综上所述，AIGC 在创造新的、个性化的内容方面非常强大，而搜索引擎在提供最新、验证过的内容上更有优势。虽然它们各自有不同的特点，但未来很可能会看到它们的结合，从而能让你在搜索和获取信息时，能享受到更好的体验。

例如，当我们使用前海港湾学校 AI 平台提问“什么是网络爬虫”时，它会为我们生成比较专业的答案。

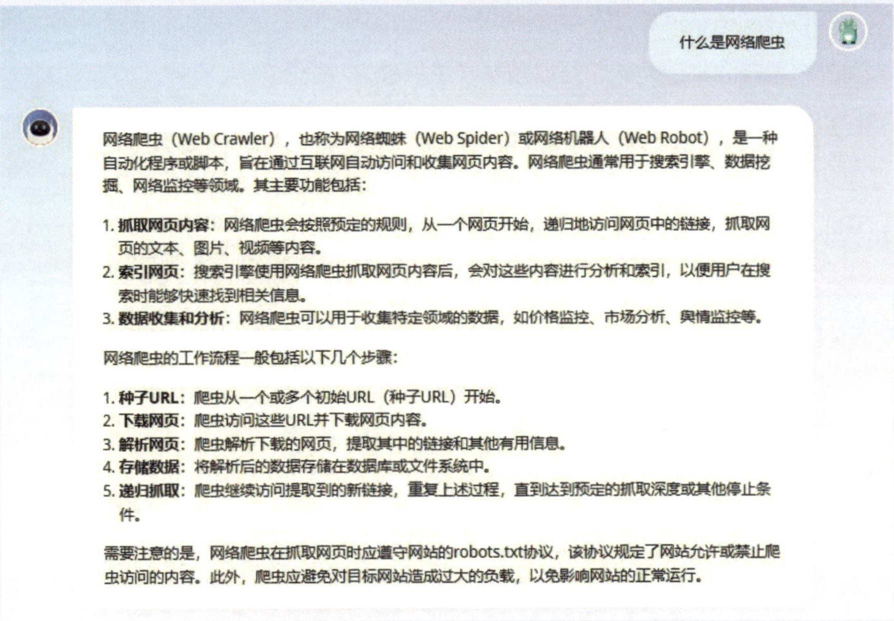

图 2-15 前海港湾学校 AI 平台初次生成内容

如果我们拿同样的问题去询问搜索引擎，它也能给出相似的答案，但是呈现形式不同。

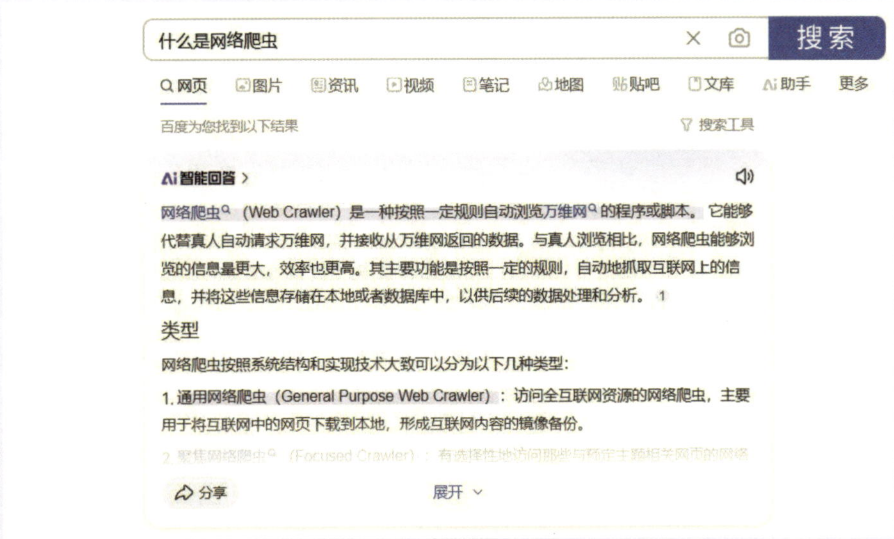

图 2-16 搜索引擎答复内容

二者经初次提问给出的答案都过于专业，并不利于初中生了解或学习，概念性的内容较为枯燥乏味，难以激发学生兴趣。

如果我们换一种方式向前海港湾学校 AI 平台提问，即“能否使用初中生能够理解的语言生动形象地介绍什么是网络爬虫？”，它会提供更契合初中生认知水平的答案，而此类答案是无法通过搜索引擎获取的，除非有人在互联网上发表过类似的文章。

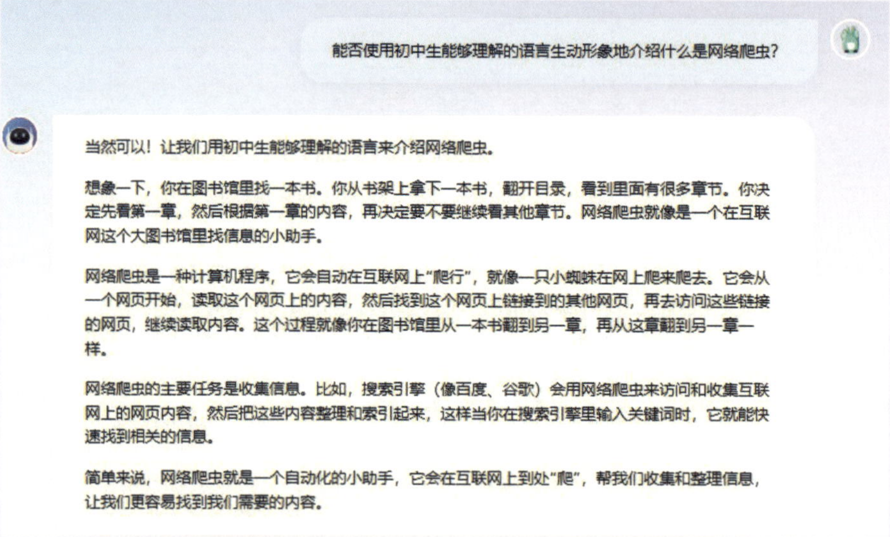

图 2-17　前海港湾学校 AI 平台二次生成内容

知识宝藏

5. 揭秘 AI 如意秘诀——提示词

AI 提示词（Prompt）是指 AI 模型执行任务时，为了引导模型产生特定输出而提供的一段文字或数据。提示词可以看作是与 AI 模型进行交互的一种方式，通过设计合理的提示词，人们可以更加精确地控制 AI 模型的输出。提示词的作用非常重要，它可以帮助 AI 模型理解任务目标和背景信息，从而生成更符合人类期望的输出。通过调整提示词的内容和结构，人们可以影响 AI 模型的输出结果，实现更灵活、个性化的应用。

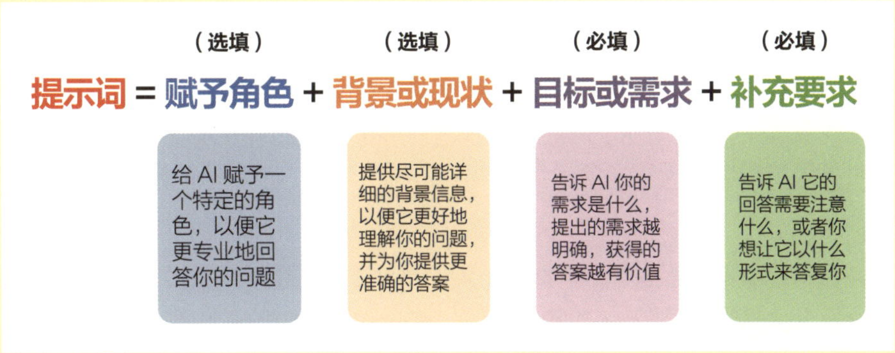

图 2-18　提示词公式

A. 赋予角色

这个部分定义了 AI 在任务中扮演的角色或身份，让 AI 明白自己应以什么身份、视角来回答问题或生成内容。通过赋予角色，AI 能够理解它是以专业的身份来回答问题，还是用更轻松的语气来创作故事。

B. 背景或现状

这部分描述了当前的背景信息或现状，帮助 AI 理解任务的前提条件或所涉及的具体情境。背景可以是某个事件的历史背景，也可以是某个场景、问题或情境的描述。这个部分确保 AI 理解任务的基础信息和情境。

C. 目标或需求

这一部分清晰地表达了你希望 AI 完成的具体任务或需求。无论是写一篇文章、解决一个问题，还是创作一幅图像，目标或需求部分直接告诉 AI 任务的最终目标。

D. 补充要求

补充要求可以是对任务的进一步限定或特定要求，通常包括详细的格式要求、风格要求、字数限制等。这个部分帮助确保生成的内容更加符合具体需求，避免过于宽泛的输出。

示例：

假设你想让 AI 帮你写一篇关于环保的文章，可以使用以下提示词：

- **赋予角色：**你是一个环保专家。
- **背景或现状：**近年来全球气候变化越来越严重，各国政府正在采取各种措施应对。
- **目标或需求：**请写一篇关于如何减少碳排放的文章，介绍有效的减排方法。
- **补充要求：**文章需要简单易懂，适合青少年阅读，字数控制在 400 字以内。

（三）任务工作坊

港湾学校的同学们以“月满中秋”为主题创作了丰富的艺术作品。

1. 文学作品

《十五月夜香》

（2023 级 10 班　娄馨文）

桂子月中落，天香云外飘。

杯中盛诗意，醉饮桂花酿。

2. 图画作品

图 2-19　太空舱观月镜头前（2024 级 3 班　张瀚宇）

图 2-20 月圆（2024 级 7 班 杨妍芯）

3. 影视作品

图 2-21 《中秋的由来》视频片段截图（2023 级 10 班 王丰渼）

图 2-22 《中秋奇幻夜》视频片段截图（2024 级 5 班 吴定格）

4. 演示文稿

图 2-23 《中秋节》演示文稿（2024 级 5 班 龚泽楠）

自评卡

评价维度	评价标准	得分
目标达成度	能否说出 AIGC 的功能	
	能否判断 AIGC 与搜索引擎的区别	
	能否应用提示词策略使用 AIGC 解决实际问题	
	能否介绍 AIGC 的发展历史	

三、AI 挑战

（一）任务导航

近年来，生成式人工智能的发展和应用对于整个人类社会来说是一次巨大的发展机会，正深刻地影响着人类社会。

2023 年，国家互联网信息办公室起草《生成式人工智能服务管理办法（征求意见稿）》，引发社会广泛关注和热议。我们应该如何面对这些颠覆性的技术创新，应该如何应用并管理好它们？

（二）知识宝库

知识宝藏

1. AIGC 与安全挑战

AIGC 拥有巨大的潜能，但事情往往具有两面性，AIGC 技术的发展应用引发的安全问题也是人们不得不面对的难题。

技术滥用风险：生成式人工智能技术如果被滥用，可能会产生不良后果。例如，用于制造虚假信息、恶意谣言等，可能会扰乱社会秩序，影响公众对真实信息的判断。当技术缺陷不受控制时，可能会导致生成的内容出现错误或不准确，从而误导用户，在一些关键领域（如医疗、金融等），可能会带来严重的后果。另一方面，像 ChatGPT 这样的 AIGC 工具可能会影响未来孩子的知识获取，但它们生成的内容可能不是权威的。

算法安全问题：生成式人工智能的算法由人编写，其安全性和可靠性难以完全确保。可能存在漏洞被攻击者利用，导致系统被入侵或操控，生成不良内容或泄露敏感信息。算法的不稳定性也可能导致生成的结果不可预测，影响用户体验和应用的可靠性。

数据安全隐患：生成式人工智能依赖大量数据进行训练，若这些数据被不法分子非法获取和使用，会对个人和群体的隐私造成严重威胁。数据的质量和准确性也会影响生成结果的质量，低质量的数据可能导致生成的内容出现偏差或错误。

知识宝藏

2. AIGC 与伦理挑战

AIGC 的发展也对现有社会的一些伦理问题产生了冲击。

责任界定难题：如同无人驾驶技术引发的事故追责问题，生成式人工智能在应用过程中也可能出现类似的责任界定难题。例如，由生成式人工智能生成的虚假信息导致的社会影响，应该由谁来承担责任？是技术开发者、使用者还是平台提供商？当生成式人工智能在创作领域产生侵权行为时，责任的划分也变得复杂，涉及原作者、生成模型的开发者和使用者等多个主体。

法律法规滞后：生成式人工智能的发展速度极快，而法律法规的跟进和完善往往相对滞后。这使得在一些新出现的问题上，缺乏明确的法律规定和监管机制，容易出现法律空白地带。例如，对于生成式人工智能生成的内容的版权问题、真实性验证问题等，目前的法律法规还不够完善，难以有效应对。

超级智能潜在威胁：未来，如果生成式人工智能发展到超级智能阶段，可能会出现类人的自我意识和自我改变程序的能力。这可能会带来不可预测的风险，甚至对人类造成威胁。例如，超级智能的生成式人工智能可能会被人恶意利用，用于犯罪活动或破坏社会稳定，而人类可能难以有效地控制和监管它们。

知识宝藏

3. 生成式人工智能服务管理办法（征求意见稿）

第一条 为促进生成式人工智能健康发展和规范应用，根据《中华人民共和国网络安全法》《中华人民共和国数据安全法》《中华人民共和国个人信息保护法》等法律、行政法规，制定本办法。

第二条 研发、利用生成式人工智能产品，面向中华人民共和国境内公众提供服务的，适用本办法。

本办法所称生成式人工智能，是指基于算法、模型、规则生成文本、图片、声音、视频、代码等内容的技术。

第三条 国家支持人工智能算法、框架等基础技术的自主创新、推广应用、国际合作，鼓励优先采用安全可信的软件、工具、计算和数据资源。

第四条 提供生成式人工智能产品或服务应当遵守法律法规的要求，尊重社会公德、公序良俗，符合以下要求：

（一）利用生成式人工智能生成的内容应当体现社会主义核心价值观，不得含有颠覆国家政权、推翻社会主义制度，煽动分裂国家、破坏国家统一，宣扬恐怖主义、极端主义，宣扬民族仇恨、民族歧视，暴力、淫秽色情信息，虚假信息，以及可能扰乱经济秩序和社会秩序的内容。

（二）在算法设计、训练数据选择、模型生成和优化、提供服务等过程中，采取措施防止出现种族、民族、信仰、国别、地域、性别、年龄、职业等歧视。

（三）尊重知识产权、商业道德，不得利用算法、数据、平台等优势实施不公平竞争。

（四）利用生成式人工智能生成的内容应当真实准确，采取措施防止生成虚假信息。

（五）尊重他人合法利益，防止伤害他人身心健康，损害肖像权、名誉权和个人隐私，侵犯知识产权。禁止非法获取、披露、利用个人信息和隐私、商业秘密。

第五条 利用生成式人工智能产品提供聊天和文本、图像、声音生成等服务的组织和个人（以下称“提供者”），包括通过提供可编程接口等方式支持他人自行生成文本、图像、声音等，承担该产品生成内容生产者的责任；涉及个人信息的，承担个人信息处理者的法定责任，履行个人信息保护义务。

第六条 利用生成式人工智能产品向公众提供服务前，应当按照《具有舆论属性或社会动员能力的互联网信息服务安全评估规定》向国家网信部门申报安全评估，并按照《互联网信息服务算法推荐管理规定》履行算法备案和变更、注销备案手续。

第七条 提供者应当对生成式人工智能产品的预训练数据、优化训练数据来源的合法性负责。用于生成式人工智能产品的预训练、优化训练数据，应满足以下要求：

（一）符合《中华人民共和国网络安全法》等法律法规的要求；

（二）不含有侵犯知识产权的内容；

（三）数据包含个人信息的，应当征得个人信息主体同意或者符合法律、行政法规规定的其他情形；

（四）能够保证数据的真实性、准确性、客观性、多样性；

（五）国家网信部门关于生成式人工智能服务的其他监管要求。

第八条 生成式人工智能产品研制中采用人工标注时，提供者应当制定符合本办法要求，清晰、具体、可操作的标注规则，对标注人员进行必要培训，抽样核验标注内容的正确性。

第九条 提供生成式人工智能服务应当按照《中华人民共和国网络安全法》规定，要求用户提供真实身份信息。

第十条 提供者应当明确并公开其服务的适用人群、场合、用途，采取适当措施防范用户过分依赖或沉迷生成内容。

第十一条 提供者在提供服务过程中，对用户的输入信息和使用记录承担保护义务。不得非法留存能够推断出用户身份的输入信息，不得根据用户输入信息和使用情况进行画像，不得向他人提供用户输入信息。法律法规另有规定的，从其规定。

第十二条 提供者不得根据用户的种族、国别、性别等进行带有歧视性的内容生成。

第十三条 提供者应当建立用户投诉接收处理机制，及时处置个人关于更正、删除、屏蔽其个人信息的请求；发现、知悉生成的文本、图片、声音、视频等侵害他人肖像权、名誉权、个人隐私、商业秘密，或者不符合本办法要求时，应当采取措施，停止生成，防止危害持续。

第十四条 提供者应当在生命周期内，提供安全、稳健、持续的服务，保障用户正常使用。

第十五条 对于运行中发现、用户举报的不符合本办法要求的生成内容，除采取内容过滤等措施外，应在 3 个月内通过模型优化训练等方式防止再次生成。

第十六条 提供者应当按照《互联网信息服务深度合成管理规定》对生成的图片、视频等内容进行标识。

第十七条 提供者应当根据国家网信部门和有关主管部门的要求，提供可以影响用户信任、选择的必要信息，包括预训练和优化训练数据的来源、规模、类型、质量等描述，人工标注规则，人工标注数据的规模和类型，基础算法和技术体系等。

第十八条 提供者应当指导用户科学认识和理性使用生成式人工智能生成的内容，不利用生成内容损害他人形象、名誉以及其他合法权益，不进行商业炒作、不正当营销。

用户发现生成内容不符合本办法要求时，有权向网信部门或者有关主管部门举报。

第十九条 提供者发现用户利用生成式人工智能产品过程中违反法律法规，违背商业道德、社会公德行为时，包括从事网络炒作、恶意发帖跟评、制造垃圾邮件、编写恶意软件，实施不正当的商业营销等，应当暂停或者终止服务。

第二十条 提供者违反本办法规定的，由网信部门和有关主管部门按照《中华人民共和国网络安全法》《中华人民共和国数据安全法》《中华人民共和国个人信息保护法》等法律、行政法规的规定予以处罚。

法律、行政法规没有规定的，由网信部门和有关主管部门依据职责给予警告、通报批评，责令限期改正；拒不改正或者情节严重的，责令暂停或者终止其利用生成式人工智能提供服务，并处一万元以上十万元以下罚款。构成违反治安管理行为的，依法给予治安管理处罚；构成犯罪的，依法追究刑事责任。

第二十一条 本办法自 2023 年（ ）月（ ）日起实施。

（三）任务工作坊

画家小李使用了一款先进的生成式人工智能绘画软件来辅助自己创作。他输入了一些特定的主题、色彩要求和风格指令后，软件生成了一幅精美的绘画作品。小李在此基础上进行了一些局部的调整和修饰，最终完成了这幅作品。然而，不久后，一家艺术展览机构想要展出这幅作品，并对其版权归属产生了疑问。

问题：请结合相关法律规定、AI 安全与伦理知识，论述这幅作品的版权应该归属于谁，并说明你的理由。

自评卡

评价维度	评价标准	得分
目标达成度	能否自觉遵守 AI 安全与伦理规范	

第三章
大数据

在数字世界中，有一群天气小精灵，他们无处不在。这些小精灵每天都在观察和记录着地球上的天气变化，从阳光明媚到阴雨绵绵，从微风轻拂到狂风暴雨。有一天，一个聪明的小精灵决定利用这些数据，为人们提供更准确的天气预报！

这个小精灵决定用 Python 语言里的数据分析工具——Pandas 和 Matplotlib 来打造一个天气数据挖掘和可视化系统。这个系统不仅能从网络上获取历史天气数据，还能对这些数据进行处理和分析，并通过美化后的图表展示出来。有了这个系统，人们就能更好地理解天气变化，做出更明智的生活决策。

现在，你将使用 Python 语言来设计并实现一个基于 Python 的天气数据挖掘和可视化系统，能够从网络上获取天气数据，进行数据处理和分析，并通过美化后的图表展示出来。快来试试吧！

核心问题

1. 如何使用 Python 和 Pandas 从网络上获取和处理天气数据？
2. 如何使用 Pandas 对天气数据进行清洗、整理和分析？
3. 如何使用 Matplotlib 对天气数据进行可视化并美化图表？

技能导航

1. 从网络上获取天气数据，并对数据进行清洗和整理。
2. 对天气数据进行分析，提取有用的信息和统计数据。
3. 对天气数据进行可视化，创建美观的图表，展示数据的变化和趋势。

一、挖掘生活中的天气数据

（一）任务导航

编程任务

天气小精灵每天都在忙碌地记录着地球上的天气变化，有的负责感知阳光的温暖，有的负责捕捉雨水的清凉，还有的负责预测风的方向……有一天，一个小精灵突发奇想：“如果我们能用魔法自动获取天气数据，那该多好啊！”

他在数字世界里找啊找，找到了两支魔法药水——requests 和 PyQuery，他打算用它们来打造一个天气数据魔法盒。一起加入他的魔法盒加工实验室吧！

（二）知识宝库

知识宝藏

1. 什么是大数据?

数据是所有能够输入计算机并被计算机程序处理的符号介质的总称。经过简单的加工处理，这些符号介质即可转化为信息。而大数据，则是一种规模庞大到在获取、存储、管理、分析等方面远远超出传统数据库软件处理能力范围的数据集合。大数据就像哆啦 A 梦的神奇口袋，里面藏着成千上万种神奇道具：有能变大变小的放大灯、有能穿越时空的时光机……这些神奇道具就是大数据中的“数据”，其特征可以用五个“V”来概括：

A. 数据量巨大（Volume）

大数据集合中的数据量极其庞大，远超传统数据库的处理能力，就像哆啦 A 梦的口袋里有无数的神奇道具一样，多到你数都数不过来。大数据的体量之大，要求我们使用更先进的技术和工具来存储和处理。

B. 增长速度快（Velocity）

大数据的增长速度迅猛，数据量在短时间内急剧增加，就像每次遇到不同的任务，哆啦 A 梦都会有新道具一样，取之不尽、用之不竭。数据的快速增长要求我们具备实时处理和分析数据的能力，以便及时获取有价值的信息。

C. 多样（Variety）

大数据集合中的数据类型多样，包括结构化数据、半结构化数据和非结构化数据。哆啦 A 梦的神奇道具数量很多，但并不是每个道具都有用。大数据也一样，有些数据有价值，有些数据毫无意义。我们需要能够处理和分析各种类型的数据，以便从中提取有用的信息。

D. 价值密度低（Value）

大数据中的数据虽然数量庞大，但其中真正有价值的信息却相对稀少。就像哆啦A梦的口袋里虽然有无数的神奇道具，但真正能派上用场的却不多。因此，我们需要通过数据挖掘和分析技术，从海量数据中提取出真正有价值的信息。

E. 真实（Veracity）

大数据中的数据需要具备高度的真实性，以确保分析结果的准确性和可靠性。就像神奇道具的功能说明书必须是真实的，才能保证我们在使用时不会发生意想不到的后果。数据的真实性是大数据分析的基础，只有通过真实的数据才能得出可靠的结论。

知识宝藏

2. 什么是数据挖掘技术?

大数据技术主要涵盖数据生产、采集、存储、加工、分析和服务等多个环节，其意义不仅在于掌握海量的数据信息，更在于对这些数据进行专业化处理，深入挖掘其中的潜在价值，从而实现数据的“增值”。它像是一个工具箱里的“司令官”，可以帮助我们从工具箱中找到最有用的工具，还能告诉我们这些工具怎么用、怎么组合，甚至还能创造出新的工具。

在实际应用中，过多的无效信息往往会导致有效信息被忽视。因此，大数据技术不仅限于简单地获取各种类型的庞杂数据，更强调从中快速分析和提取出具有价值的信息。在这一过程中，数据挖掘技术扮演着至关重要的角色，其高效、精准的分析能力能够显著提升数据处理的效率和质量。

（三）任务工作坊

如果地理老师让你抄录广东省深圳市南山区未来 7 天的天气数据（包括天气、温度、风力等），你能想到哪些方法呢?

我们可以使用以下几款天气 APP 或网站，查看实时天气预报信息：

中国天气网：由中国气象局主办，提供全国及世界各大城市的实时天气查询、历史天气查询，以及未来 15 天、30 天、40 天的天气预报。这是中国气象局的官方平台，数据权威可靠。

天气通：由中国气象局公共气象服务中心和中国气象局华风气象传媒集团联合推出，提供全国各地的实时天气预报、气象预警等服务。

中央气象台：中央气象台是中国气象局直属的国家级气象台，提供权威的天气预报、气象预警等信息。

把你找到的数据填在下表中吧！

日期	天气	温度	风力

我们可以使用 Arduino 或 Microduino 制作微型气象站，自动探测天气数据：

温湿度传感器：测量环境的温度和湿度。

气压传感器：监测大气压强，可用于预测天气变化。

光照传感器：检测环境光照强度，用于植物生长监测等。

PM2.5 传感器：测量空气中细颗粒物（PM2.5）的浓度，评估空气质量。

风速 / 风向传感器：测量风的速度和方向，用于气象分析。

LCD 显示屏：显示传感器收集的数据，便于直观查看。

时钟模块：提供实时时间，用于数据的时间戳标记。

连接线、接口和供电模块：连接各个模块并供电，确保系统正常运行。

尝试为你们的班级教室设计一个微型气象站吧！

设备名称	设备型号	设备数量	设备定位	设备用途

我们也可以借助 Python 语言编写脚本，自动抓取天气数据：

requests 库：用于发送所有类型的 HTTP 请求，与 Web 服务的交互将变得简单和直观。

PyQuery 库：用于解析和处理 HTML 文档。它提供了一种简洁的方式来选择和操作 HTML 元素，适合快速开发和数据抓取任务。

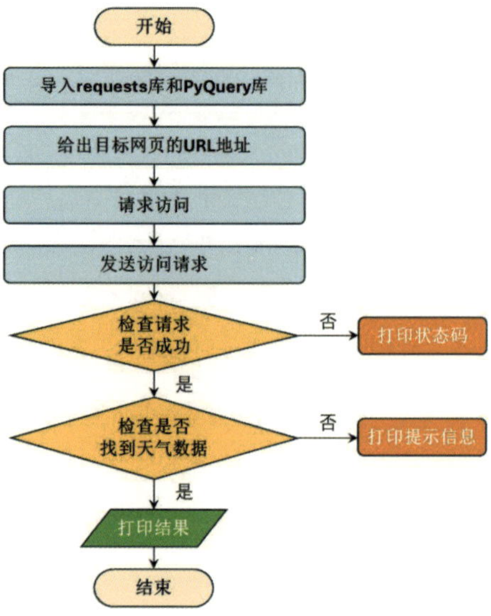

图 3-1　流程图

编程实现

```
# 第 1 步：导入 requests 库和 PyQuery 库。
import requests  # 用于发送 HTTP 请求，获取网页内容。
from pyquery import PyQuery as pq  # 用于解析 HTML 文档，提取所需数据。

# 第 2 步：给出目标网页的 URL 地址。
url = 'http://www.weather.com.cn/weather/101280604.shtml'  # 这是中国气象网关于深圳市南山区的天气页面。

# 第 3 步：发送访问请求。
headers = {
    'User-Agent': 'Mozilla/5.0 (Windows NT 10.0; Win64; x64) AppleWebKit/537.36 (KHTML, like Gecko) Chrome/58.0.3029.110 Safari/537.3'}
response = requests.get(url, headers=headers)  # 发送 HTTP GET 请求到目标网址，并传递请求头。

# 第 4 步：如果请求成功，则查找天气数据。
if response.status_code == 200:  # 如果请求成功（状态码为 200）。
```

```
    response.encoding = 'utf-8' # 设置响应的编码为 utf-8。
    # 解析网页内容。
    doc = pq(response.text) # 使用 PyQuery 解析响应的 HTML 内容。
    # 打印网页内容以检查 HTML 结构。
    print(doc) # 打印解析后的 HTML 内容，便于检查和调试。
    # 提取天气数据。
    weather_data = [ ] # 初始化一个空列表，用于存储天气数据。
    forecast = doc('ul.t.clearfix li') # 查找包含天气数据的所有 <li> 元素。

    # 第 5 步：如果找到天气数据，则打印结果。
if forecast:
        for li in forecast.items( ): # 遍历每个 <li> 元素。
            date = li.find('h1').text( ) # 提取日期信息。
            weather = li.find('p.wea').text( ) # 提取天气描述。
             temperature = li.find('p.tem').text( ).strip( ) # 提取温度信息，并去除多余
的空白字符。
            wind = li.find('p.win i').text( ) # 提取风力信息。
            weather_data.append # 将提取到的数据添加到 weather_data 列表。
            ({
                'date': date,
                'weather': weather,
                'temperature': temperature,
                'wind': wind
            })
    # 第 6 步：如果找到天气数据则打印结果。
        for day in weather_data: # 遍历 weather_data 列表。
            # 打印每一天的天气数据。
            print(
                f" 日期 : {day['date']}, 天气 : {day['weather']}, 温度 : {day['temperature']},
风力 : {day['wind']}")
```

```
# 第 7 步：如果找不到天气数据，则打印提示信息。
else:
    print(" 无法找到天气预报数据，请检查 HTML 结构是否变化。") # 如果没有找到天气数据，打印提示信息。

# 第 8 步：如果请求失败，则打印状态码。
else:
print(f" 请求失败，状态码：{response.status_code}") # 如果请求失败，打印状态码。
```

编程实现

单击“运行”按钮，调试、修改报错的红色代码行。

```
</html>
日期：5日（今天），天气：多云，温度：28/21℃ 风力：4-5级
日期：6日（明天），天气：晴，温度：27/20℃ 风力：4-5级转3-4级
日期：7日（后天），天气：晴，温度：25/19℃ 风力：3-4级转<3级
日期：8日（周五），天气：晴，温度：27/20℃ 风力：<3级
日期：9日（周六），天气：多云，温度：28/20℃ 风力：<3级
日期：10日（周日），天气：多云，温度：29/21℃ 风力：<3级
日期：11日（周一），天气：多云转晴，温度：29/23℃ 风力：<3级
程序运行结束
```

图 3-2　南山区未来 7 天的天气数据

神秘拓展

在 Python 中，requests 库还有以下常用方法：

requests.get( ) 发送 GET 请求，用于从服务器获取数据。

requests.post( ) 发送 POST 请求，用于向服务器提交数据。

requests.put( ) 发送 PUT 请求，用于更新服务器上的资源。

requests.delete( ) 发送 DELETE 请求，用于删除服务器上的资源。

requests.head( ) 发送 HEAD 请求，用于获取服务器响应头。

requests.options( ) 发送 OPTIONS 请求，用于获取 HTTP 方法。

你想抓取哪些网站的数据呢？快来试试吧！

自评卡

评价维度	评价标准	得分
功能准确度	能否安装并使用 requests 库和 PyQuery 库	
	能否写入中国气象网上关于深圳市南山区天气的网址	
	能否找到对应日期的天气数据	
	能否正确打印解析后的 HTML 内容	
	能否正确打印天气数据	
代码完整度	有无程序文档，给出函数的作用和参数说明	
	有无关键注释，给出每个模块的解释和逻辑	
	有无充分测试，验证所有不同形状的适用性	
	有无探索创新，自主添加额外的功能或算法	
	有无用户提示，反馈图像的处理进度或错误	

二、美化天气数据

（一）任务导航

为了让这些数据更加生动有趣，小精灵决定用 matplotlib 药水绘制一张折线图，展示未来七天的温度变化。为了让图表上的中文字符能够正确显示，他还特意准备了一瓶 font_manager 药水，调配出了一个支持中文字体显示的魔法盒。

小精灵将所有的魔法药水混合在一起，制作出了一个神奇的天气数据魔法盒。这个魔法盒不仅能自动获取天气数据，还能将数据以图表的形式展示出来，让天气预报变得更加直观和有趣。一起加入小精灵的魔法盒加工实验室吧！让我们一起见证这个神奇的天气数据魔法盒的诞生，探索天气变化的奥秘，感受数字世界的魔法魅力！

二、知识宝库

知识宝藏

3. matplotlib 库的常用方法

matplotlib 是一个强大的 Python 绘图库，用于创建静态、动态和交互式的图表。它提供了丰富的绘图功能，可以帮助我们将数据以图形的方式直观地展示出来。

A. 工具 font_manager

matplotlib 的一个子模块，用于管理和设置字体。由于 matplotlib 默认使用的字体可能不支持中文字符，因此在绘制包含中文字符的图表时，我们要使用 font_manager 来设置支持中文的字体，以确保中文字符能够正确显示。

B. 绘制折线图

```
import matplotlib.pyplot as plt
# 数据。
x = [1, 2, 3, 4, 5]
y = [2, 3, 5, 7, 11]
# 绘制折线图。
plt.plot(x, y, marker='o')
plt.title(' 折线图示例 ')
plt.xlabel('x 轴 ')
plt.ylabel('y 轴 ')
plt.show( )
```

C. 绘制柱状图

```
import matplotlib.pyplot as plt
# 数据。
categories = ['A', 'B', 'C', 'D']
values = [4, 7, 1, 8]
# 绘制柱状图。
plt.bar(categories, values)
plt.title(' 柱状图示例 ')
plt.xlabel(' 类别 ')
plt.ylabel(' 值 ')
plt.show( )
```

D. 绘制散点图

```
import matplotlib.pyplot as plt
# 数据。
x = [1, 2, 3, 4, 5]
y = [2, 3, 5, 7, 11]
# 绘制散点图。
plt.scatter(x, y)
plt.title(' 散点图示例 ')
plt.xlabel('x 轴 ')
plt.ylabel('y 轴 ')
plt.show( )
```

E. 绘制饼图

```
import matplotlib.pyplot as plt
# 数据。
labels = ['A', 'B', 'C', 'D']
sizes = [15, 30, 45, 10]
# 绘制饼图。
plt.pie(sizes, labels=labels,
autopct='%1.1f%%')
plt.title(' 饼图示例 ')
plt.show( )
```

知识宝藏

4. font_manager 的用途

在使用 matplotlib 绘制图表时，matplotlib 默认使用的字体不包含中文字符，这会导致图表中的中文字符无法正确显示，通常表现为方框或乱码。为了确保中文字符能够正确显示，我们需要使用支持中文的字体，并通过 font_manager 来设置这些字体。

首先，我们要找到系统里中文字体文件的路径。在 Windows 操作系统中，字体文件通常存储在目录 C:\Windows\Fonts 中。

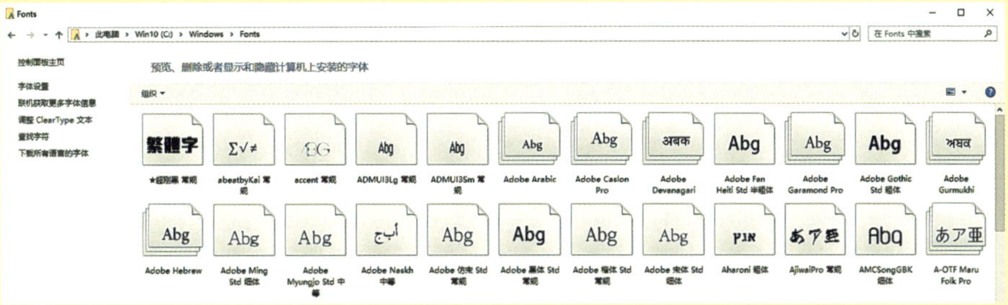

图 3-3 Windows 操作系统中的 Fonts 文件夹

在 Fonts 文件夹中，我们可以看到所有安装的字体文件。每个字体文件通常以 .ttf（TrueType 字体）或 .otf（OpenType 字体）为扩展名。

假设你想使用黑体（SimHei）字体文件，通常它的文件名是 simhei.ttf。你可以在 C:\Windows\Fonts 目录中找到这个文件，并使用它的路径在 matplotlib 中设置字体。

三、任务工作坊

现在，请你把广东省深圳市南山区未来 7 天的温度数据用折线图的方式呈现出来吧！

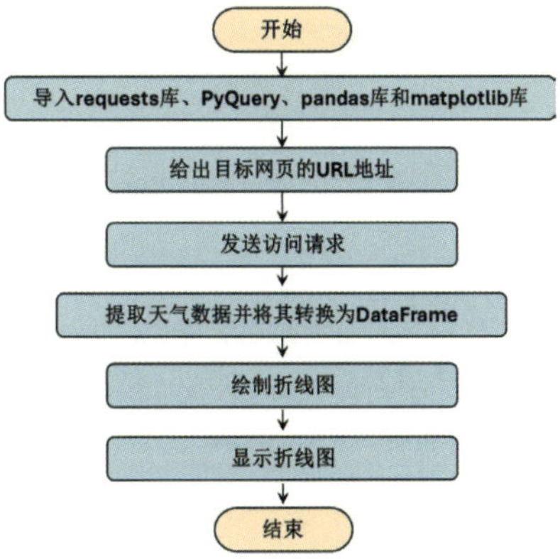

图 3-4 绘制折线图流程

编程实现

```
# 第 1 步：导入 requests 库、PyQuery 库、Pandas 库和 Matplotlib 库。
import Requests # 用于发送 HTTP 请求，获取网页内容。
from pyquery import PyQuery as pq # 用于解析 HTML 文档，提取所需数据。
import Pandas as pd # 用于数据处理和分析，特别是创建和操作 Data Frame。
import Matplotlib.pyplot as plt # 用于绘制图表。
import Matplotlib.Font_Manager as fm # 用于设置字体，确保中文字符正确显示。

# 第 2 步：给出目标网页的 URL 地址。
url = 'http://www.weather.com.cn/weather/101280604.shtml' # 显示 “这是中国
气象网关于深圳市南山区的天气页面”。

# 第 3 步：发送访问请求
# 请求头信息，模拟浏览器访问，避免被网站拒绝。
headers = {
  'User-Agent': 'Mozilla/5.0 (Windows NT 10.0; Win64; x64) AppleWebKit/537.36
  (KHTML, like Gecko) Chrome/58.0.3029.110 Safari/537.3'
 }
# 发送请求并解析网页内容
response = Requests.get(url, headers=headers) # 发送 HTTP GET 请求，获取网页
内容。
response.encoding = 'utf-8' # 设置响应内容的编码为 UTF-8。
doc = pq(response.text) # 使用 PyQuery 解析网页内容，创建一个 PyQuery 对象。

# 第 4 步：提取天气数据并将其转换为 DataFrame。
# 提取天气数据。
weather_data = [ ] # 用于存储提取的天气数据。
forecast = doc('ul.t.clearfix li') # 选择包含天气信息的 HTML 元素。
for li in forecast.items( ): # 遍历每个天气信息元素。
    date = li.find('h1').text( ) # 提取日期信息。
    temperature = li.find('p.tem').text( ).strip( ).replace('℃ ') # 提取温度信息，并去
```

```
除多余的字符。
    weather_data.append(
      {'date': date, 'temperature': temperature}) # 将提取的数据添加到列表中。
    # 将数据转换为 Data Frame。
df = pd.Data Frame(weather_data) # 将天气数据列表转换为 Data Frame。
df['temperature'] = df['temperature'].str.extract('(\d+)').astype(int) # 提取温度中的数字部分，并转换为整数类型。

    # 第 5 步：绘制折线图
    # 设置字体
font_path = 'C:/Users/VR1/Desktop/font.ttf' # 指定字体文件的路径。
font_prop = fm.Font Properties(fname=font_path) # 创建字体属性对象，用于设置图表中的字体。
# 绘制折线图。
plt.figure(figsize=(10, 6)) # 创建一个新的图表，设置图表大小。
plt.plot(df['date'], df['temperature'], marker='o', label=' 温度（摄氏度）') # 绘制折线图，设置数据点的标记和图例标签。
for i, row in df.iterrows( ): # 遍历 DataFrame 的每一行。
    plt.text(i, row['temperature'], f "{row['temperature']}℃
", ha='center', va='bottom', fontsize=10, fontproperties=font_prop) # 在图表上添加文本标签，显示温度和风力信息，设置文本位置、字体大小和字体属性。
# 添加标题和标签。
plt.title(' 深圳市南山区未来 7 天天气预报 ', fontsize=16, fontproperties=font_prop) # 设置图表标题，指定字体大小和字体属性。
plt.xlabel(' 日期 ', fontsize=12, fontproperties=font_prop) # 设置 x 轴标签，指定字体大小和字体属性。
plt.ylabel(' 温度（摄氏度）', fontsize=12, fontproperties=font_prop) # 设置 y 轴标签，指定字体大小和字体属性。
plt.xticks(rotation=45, fontproperties=font_prop) # 设置 x 轴刻度标签的旋转角度和字体属性。
plt.legend(prop=font_prop) # 显示图例，并设置字体属性。
plt.tight_layout( ) # 自动调整子图参数，使图表布局更加紧凑。
```

```
# 第 6 步：显示折线图。
plt.show() # 显示图表。
```

运行调试

单击“运行”按钮，调试、修改报错的红色代码行。

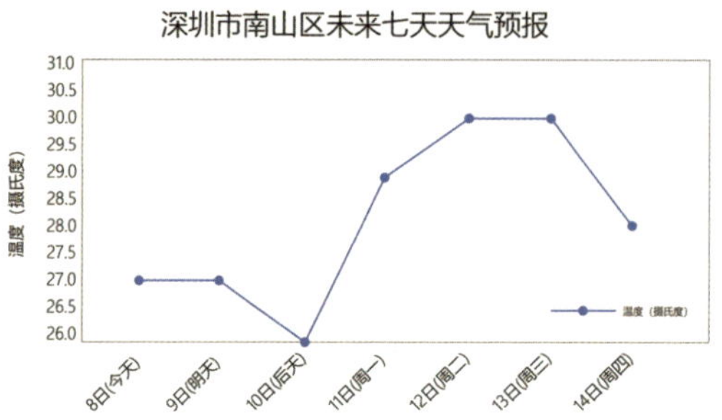

图 3-5　南山区未来 7 天的温度趋势

神秘拓展

在数据分析和处理过程中，除了 DataFrame（表格数据结构）外，还有许多其他常用的数据结构，你知道哪些？

数据结构	用途	适用场景	实例

Series	存储一维数据，适用于需要标签索引的数据处理和分析	使用 pandas.Series() 函数创建，使用索引或标签访问数据	import pandas as pd
			#创建 Series
			data = [1, 2, 3, 4, 5]
			s = pd.Series(data, index=['a', 'b', 'c', 'd', 'e'])
			print(s) #输出：a1 b2 c3 d4 e5
			print(s['a']) #输出：1

数组 NumPy	存储多维数组，适用于数值计算和矩阵操作	使用 numpy.array() 函数创建，使用索引访问数据	import numpy as np
			#创建 NumPy 数组
			arr = np.array([[1, 2], [3, 4]])
			print(arr) #输出：1 2
			3 4
			print(arr[0, 0]) #输出：1

列表 List	存储有序的元素集合，元素可以是任何数据类型	使用方括号 [] 创建，使用索引访问数据	#创建列表
			lst = [1, 2, 3, 4, 5]
			print(lst) #输出：[1,2,3,4,5]
			print(lst[0]) #输出：1

续表

数据结构	用途	适用场景	实例

字典
Dictionary
	存储有序的元素集合，元素可以是任何数据类型	使用方括号 [ ] 创建，使用索引访问数据	#创建字典
			d = {'name': 'Tony', 'age': 13, 'city': 'ShenZhen'}
			print(d) #输出：{'name': 'Alice', 'age': 25, 'city': 'New York'}
			print(d['name']) #输出：Tony

集合
Set
	存储唯一的元素集合，适用于去重和集合运算的场景	使用花括号 {} 或 set() 函数创建，使用迭代访问数据	#创建集合
			s = {1, 2, 3, 4, 5}
			print(s) #输出：{1, 2, 3, 4, 5}
			for item in s:
			        print(item) #输出：1 2 3 4 5

元组
Tuple
	存储有序的元素集合，适用于不可变数据结构的场景	使用圆括号 () 创建，使用索引访问数据	#创建元组
			t = (1, 2, 3, 4, 5)
			print(t) #输出：(1, 2, 3, 4, 5)
			print(t[0]) #输出：1

数据库表	存储结构化数据，适用于持久化存储和复杂查询的场景	使用数据库连接库创建连接，使用 SQL 语句创建表和查询数据	import sqlite3
			#创建数据库连接
			conn = sqlite3.connect(':memory:')
			cursor = conn.cursor()
			#创建表
			cursor.execute(
			    '''CREATE TABLE users (id INTEGER PRIMARY KEY, name TEXT, age INTEGER)''')
			#插入数据
			cursor.execute('''INSERT INTO users (name, age) VALUES ('Tony', 13)''')
			conn.commit()
			#查询数据
			cursor.execute('''SELECT * FROM users''')
			rows = cursor.fetchall()
			print(rows) #输出：[(1, 'Tony', 25)]
			#关闭连接
			conn.close()

自评卡

评价维度	评价标准	得分
功能准确度	能否安装并使用 Pandas 库和 Matplotlib 库	
	能否提取对应日期的天气数据	
	能否将天气数据转换为 Data Frame	
	能否正确显示折线图上的图像	
	能否正确显示折线图上的文字	
代码完整度	有无程序文档，给出函数的作用和参数说明	
	有无关键注释，给出每个模块的解释和逻辑	
	有无充分测试，验证所有不同形状的适用性	
	有无探索创新，自主添加额外的功能或算法	
	有无用户提示，反馈图像的处理进度或错误	

第四章
智能识别

在遥远的宇宙中，有一个由各种智能技术构建的充满奇幻色彩的奇妙星球，名叫“智能识别星”。最近，星球上的居民遇到了一些棘手的问题：图片太小了看不到、人太多了认不全、图案太复杂了数不清、口音太重了听不懂等，这些问题让居民感到困惑和无助……

作为“智能识别星”的守护者，你将化身为一名星际巡航员，肩负起解决这些问题的重任。你将使用 Python 语言开发一系列程序，帮助居民应对这些挑战。这些程序有的能缩放图片，有的能描绘轮廓，有的能识别形状，还有的能把晦涩的语音转换成文字……你的任务不仅仅是编写代码，更是用你的智慧和创造力，为“智能识别星”的居民带来希望和光明。让我们一起踏上这段奇妙的旅程，用科技的力量守护这个美丽的星球吧！

核心问题

1. 如何使用 Python 和 OpenCV 实现图像的放大和缩小？
2. 如何使用 OpenCV 进行人脸轮廓的检测和描边？
3. 如何检测图像中的各种几何形状（如圆形、三角形和矩形）并进行分类？
4. 如何进行音频识别，并将音频信号转换为可理解的信息？

技能导航

1. 使用 Python 和 OpenCV 库进行基本的图像处理操作。
2. 使用 OpenCV 进行人脸检测，并在图像中描绘出人脸的轮廓。
3. 检测图像中的几何形状并分类。
4. 将音频信号转换为可理解的信息。

一、大小魔法棒

（一）任务导航

编程任务

在数字世界中，有一群图像小精灵，他们无处不在。有一天，一个调皮的小精灵决定给所有图像施加魔法——放大、缩小，以便在数字世界中表现自己或隐藏自己。现在，你将使用 Python 语言和 OpenCV 库来开发一个程序，该程序能够读取图像文件并将它缩小至 1/3 显示，将这个小精灵的魔法变为现实！

（二）知识宝库

知识宝藏

1.OpenCV 库的用法

```
x,y= image.shape[0:2]            # 获取图像的宽度和高度
```

image.shape 是一个元组，它包含了图像数组的维度信息。

对于一个标准的彩色图像，这个元组通常包含三个值，分别代表：

0 图像的高度（行数）、1 图像的宽度（列数）、2 图像的通道数（RGB 图像有 3 个通道）

[0:2] 是一个切片操作，它从元组的开始位置（索引 0）取到索引 2（不包括索引 2），即选取元组中的前两个元素，实际上是获取了图像的高度和宽度，这两个值被赋值给变量 x 和 y，因此，x 表示高度，y 表示宽度。

（三）任务工作坊

编程实现

```
import cv2 # 导入 OpenCV 库用于图像处理和计算机视觉。
    def display_image(image_path): # 自定义一个用于显示图像的函数（参数是图像文件的路径）。
    image = cv2.imread(image_path) # 读取给定路径的图像文件（未读取成功将返回 None）。
    x, y = image.shape[0:2] # 将图片高和宽分别赋值给 x 和 y。
    image_s=cv2.resize(image,(int(y/3),int(x/3))) # 将图片缩小至 1/3 显示。
  if image is not None: # 如果图像存在且路径正确则返回一个图像数组。
    cv2.imshow(' 图像 ', image_s) # 创建一个名为"图像"的窗口并在窗口中显示图像。
    cv2.waitKey(0) # 等待……直到用户按下任意键（0 表示无限期等待）。
    cv2.destroyAllWindows( ) # 关闭所有由 OpenCV 创建的窗口。
  else:# 如果图像不存在或路径有误。
    print("Error: Image not found.") # 打印一条错误消息。
display_image('path_to_image.jpg') # 调用自定义函数来传入图像路径（编程时应替换为图像的实际路径）。
```

运行调试

单击"运行"按钮，调试、修改报错的红色代码行。

图 4-1 将图像缩小至 1/3 并显示出来

神秘拓展

在 Python 中，除了使用 OpenCV 库的 cv2.imread 函数外，还可以使用其他一些库来读取图像文件。以下是一些常用的图像处理库及其读取图像的方法：

Pillow (PIL)：提供了广泛的文件格式支持和强大的图像处理能力。
matplotlib：用于绘图和可视化，但它也可以用来读取图像文件。
imageio：用于读取和写入图像数据的库，它支持多种图像格式。
Tkinter：是 Python 的标准 GUI 库，它也提供了一个图像处理模块。

自评卡

评价维度	评价标准	得分
功能准确度	能否安装并使用 OpenCV 库	
	能否读取图像文件	
	能否对图像进行缩放处理	
	能否在窗口中正确显示图像	
	能否在用户按下任意键后关闭图像窗口	
代码完整度	有无程序文档，给出函数的作用和参数说明	
	有无关键注释，给出每个模块的解释和逻辑	
	有无充分测试，验证所有不同形状的适用性	
	有无探索创新，自主添加额外的功能或算法	
	有无用户提示，反馈图像的处理进度或错误	

二、人脸描边大师

（一）任务导航

编程任务

轮廓侦探：揭秘隐藏的形状

在数字世界的深处，隐藏着许多神秘的轮廓，它们安静地藏在图像之后，等待着被发现。作为一名轮廓侦探，你将使用 Python 语言和 OpenCV 库来开发一个程序，该程序能够读取图像文件，检测图像中的轮廓，并在图像上绘制这些轮廓，探查出这些图像的真实面貌。

（二）知识宝库

知识宝藏

2. Canny 函数的用法——检测图像中的边缘

```
edges=cv2.Canny(image_name, min, max, apertureSize=n)
```

Canny 函数返回一个二值图像，其中边缘像素为 255（白色），非边缘像素为 0（黑色）。

image_name：输入的灰度图像的名称。

min 和 max：这两个值分别是边缘检测的低阈值和高阈值。像素值高于高阈值的被认为是强边缘，低于低阈值的被认为是非边缘，介于两者之间的像素根据其周围像素的强度和方向被视为边缘或非边缘。

apertureSize=n：这是 Sobel 算子的孔径大小，用于计算图像的梯度。孔径大小越大，检测到的边缘越平滑，但可能丢失一些细节。

知识宝藏

3. drawContours 函数——在原始图像上绘制找到的轮廓

cv2.drawContours(image, contours, contourIdx, color, thickness)

image：要在其中绘制轮廓的原始图像。

contours：要绘制的轮廓列表。

contourIdx：要绘制的轮廓的索引。如果是 −1，则绘制所有轮廓。

color：这是轮廓线条的颜色。颜色由一个 (B, G, R) 元组指定，其中 B,G,R 是蓝色、绿色和红色通道的值，值的范围是 0 到 255，(0, 255, 0) 表示绿色。

thickness：这是轮廓的线条粗细。如果为正数，则指定线条的粗细；如果为 cv2.FILLED 或 −1，则填充轮廓。

（三）任务工作坊

编程实现

```
import cv2 # 导入 OpenCV 库（用于图像处理和计算机视觉）。
from pyquery import PyQuery as pq # 导入 PyQuery 库并重命名为 pq（用于解析 HTML 内容）。

def detect_and_draw_contours(image_path): # 自定义一个用于检测并绘制图像中轮廓的函数（参数是图像文件的路径）。
image = cv2.imread(image_path) # 读取给定路径的图像文件（未读取成功将返回 None）。
    if image is None: # 如果图像存在且路径正确则返回一个图像数组。
print("Error: Image not found.") # 打印一条错误消息。
return # 返回。
gray = cv2.cvtColor(image, cv2.COLOR_BGR2GRAY) # 将读取的彩色图像转换为灰度图（边缘检测通常在灰度图上进行，因为灰度图只有一种颜色通道，可以简化计算）。
edges = cv2.Canny(gray, 50, 150, apertureSize=3) # 检测灰度图中的边缘，cv2.RETR_TREE 是轮廓检索模式，cv2.CHAIN_APPROX_SIMPLE 是轮廓近似方法。
```

```
contours, _ = cv2.findContours(edges, cv2.RETR_TREE, cv2.CHAIN_APPROX_
SIMPLE) # 在边缘检测后的二值图像中寻找轮廓。
cv2.drawContours(image, contours, −1, (0, 255, 0), 3) # 在原始图像上绘制找到的
轮廓，轮廓绘制为绿色（(0, 255, 0)），线条粗细为 3。
cv2.imshow('lunkuo', image) # 显示图像，窗口标题为 lunkuo。
cv2.waitKey(0) # 等待……直到用户按下任意键（0 表示无限期等待）。
cv2.destroyAllWindows( ) # 关闭所有由 OpenCV 创建的窗口。

detect_and_draw_contours('path_to_image.jpg') # 调用自定义函数来传入图像路径
（编程时应替换为图像的实际路径）。
```

运行调试

单击“运行”按钮，调试、修改报错的红色代码行。

图 4-2 将图像的轮廓显示出来

神秘拓展

在 Python 中，除了使用 Canny 算法进行边缘检测外，还有其他几种方法可以用来检测图像中的轮廓：

Sobel 算子：这是一种基于梯度的方法，使用两个 3×3 的卷积核分别检测水平和垂直方向的边缘，通过计算图像中每个像素点的梯度强度和方向来检测边缘。

Prewitt 算子：这也是一种基于梯度的方法，但它使用的卷积核与 Sobel 算子不同，对边缘的方向更加敏感，通常用于检测垂直和水平边缘。

Laplacian 算子：这是一种二阶导数算子，通过计算图像二阶导数的零交叉点来确定边缘位置，能检测到边缘的确切位置，包括边缘的拐点，但这种方法对噪声比较敏感。

Roberts 算子：这是一种简单的边缘检测方法，通过计算对角线方向的差分来检测边缘，但只能检测到 45 度和 135 度方向的边缘。

基于阈值的方法：这种方法通过比较图像中像素的灰度值与预设的阈值来判断是否为边缘。当像素值的变化超过阈值时，该像素被认为是边缘的一部分。

自评卡

评价维度	评价标准	得分
功能准确度	能否读取图像文件	
	能否将图像转换为灰度图	
	能否检测到图像中的边缘	
	能否找到轮廓	
	能否用指定颜色、粗细的线条绘制轮廓	
代码完整度	有无程序文档，给出函数的作用和参数说明	
	有无关键注释，给出每个模块的解释和逻辑	
	有无充分测试，验证所有不同形状的适用性	
	有无探索创新，自主添加额外的功能或算法	
	有无用户提示，反馈图像的处理进度或错误	

三、几何侦探

（一）任务导航

编程任务

几何侦探：揭秘图像中的形状

在数字世界的画廊中，隐藏着一幅神秘的画作，这幅画由多种几何形状构成。作为一名轮廓侦探，你将使用 Python 语言和 OpenCV 库来开发一个程序，该程序能够读取图像文件，检测图像中的几何形状，并在图像上标记这些形状，探查出这些图像的真实面貌。

（二）知识宝库

知识宝藏

4. 字典的用法

字典是 Python 中的一种数据结构，用于存储键（key）值（value）对，字典中的每个键都是唯一的，并且与一个值相关联，字典可以用花括号 { } 定义，或者使用 dict ( ) 函数创建。

听起来有点复杂，不妨想象一下，有一个抽屉，抽屉有很多层，每层都有一个标签，这个标签就是“键”，而里面放的东西就是“值”。如果你想找某个东西，你会先看它的标签，再打开对应的层，这样，你就可以通过标签快速找到你想要的东西，而不需要翻遍每一层抽屉。

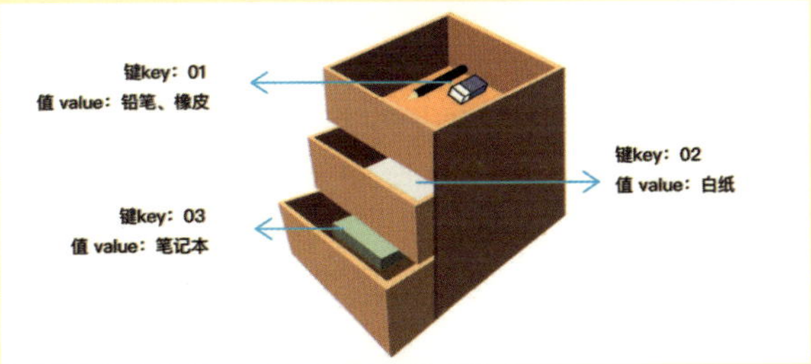

图 4-3 日常生活中的键值对

用法 1:

```
my_dict = {"名字": "张三", "年龄": 20, "职业": "学生"}
```

创建一个字典（“名字”，“年龄”，“职业”是键“张三”，“20”，“学生”对应的值）。

用法 2:

```
age = my_dict["年龄"]
```

访问“年龄”键的值。

```
print(age)
```

输出“年龄”键的值：20。

用法 3:

```
for key in my_dict:
    print(f"{key}: {my_dict[key]}")
```

依次打印出所有的标签和对应的物品。

知识宝藏

5. 列表的用法

字典是 Python 中的一种数据结构，用于存储序列数据，可以通过索引来模拟键值对的存储，索引的序号是从 0 开始的。

用法 1:

```
my_list = ['名字', '张三', '年龄', 20, '职业', '学生']
```

创建一个列表（“名字”，“年龄”，“职业”是键“张三”，“20”，“学生”对应的值）。

用法 2:

```
name = my_list[1]
```

访问索引为 1 的值。

```
print(name)
```

输出索引为 1 的值：张三。

```
age = my_list[3]
```

访问索引为 3 的值。

```
print(age)
```

输出索引为 3 的值：20。

（三）任务工作坊

编程实现

```
import cv2
import numpy as np


def detect_shapes(image_path):
    image = cv2.imread(image_path)
    if image is None:
        print("Error: Image not found.")
        return
    gray = cv2.cvtColor(image, cv2.COLOR_BGR2GRAY)
    edges = cv2.Canny(gray, 50, 150, apertureSize=3)
    contours = cv2.findContours(edges, cv2.RETR_TREE, cv2.CHAIN_APPROX_SIMPLE)

    for contour in contours:
        if cv2.contourArea(contour) < 100:  # 忽略小轮廓。
            continue

        perimeter = cv2.arcLength(contour, True)
        approx = cv2.approxPolyDP(contour, 0.04 * perimeter, True)

        if len(approx) == 3:
            shape = "Triangle"
        elif len(approx) == 4:
            if cv2.isContourConvex(approx):
                # 计算四边形的边长。
                sides = [ ]
                for i in range(len(approx)):
```

```
                dist = np.linalg.norm(approx[i][0] - approx[(i + 1) % 4][0])
                sides.append(dist)
            # 检查边长是否相等。
                if len(set(sides)) == 1 or (len(set(sides)) == 2 and min(sides) * 2 == max(sides)):  # 允许对角线是邻边的两倍。
                shape = "Square"
            else:
                shape = "Rectangle"
        else:
            shape = "Circle"

        cv2.drawContours(image, [contour], -1, (0, 255, 0), 3)

        # 在图像中标记形状类型。
        M = cv2.moments(contour)
        if M["m00"] != 0:
            cx = int(M["m10"] / M["m00"])
            cy = int(M["m01"] / M["m00"])
            cv2.putText(image, shape, (cx, cy), cv2.FONT_HERSHEY_SIMPLEX, 1, (0, 0, 0),2)

    cv2.imshow('Detected Shapes', image)
    cv2.waitKey(0)
    cv2.destroyAllWindows( )

detect_shapes(' path_to_your_image.jpg')
```

运行调试

单击“运行”按钮，调试、修改报错的红色代码行。

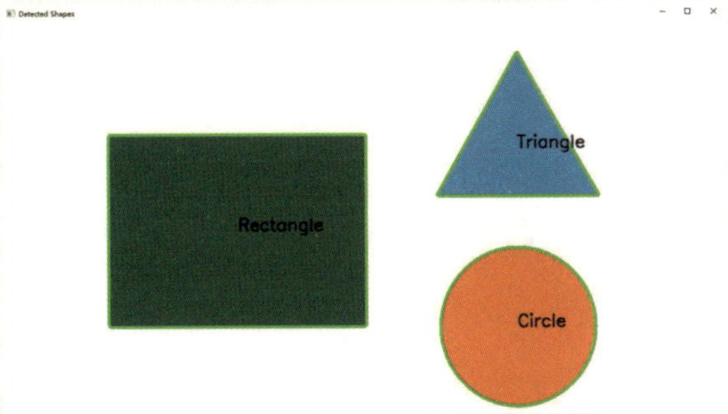

图 4-4 将图像的轮廓显示出来

自评卡

评价维度	评价标准	得分
功能准确度	能否读取图像文件	
	能否将图像转换为灰度图	
	能否找到并绘制轮廓	
	能否根据轮廓的顶点数识别形状	
	能否准确标记形状类型	
代码完整度	有无程序文档，给出函数的作用和参数说明	
	有无关键注释，给出每个模块的解释和逻辑	
	有无充分测试，验证所有不同形状的适用性	
	有无探索创新，自主添加额外的功能或算法	
	有无用户提示，反馈图像的处理进度或错误	

第五章
智能家居

临近新年，每个人家里都有很多系统需要更新，借此机会，家人给我们提出许多问题，想让我们去设计一系列的项目和系统。期待大家展示自己的水平，设计出几套更好用的系统来解决问题哦！

核心问题

1. 如何设计一款智能浇水系统？
2. 如何设计一款家庭监控警报系统？
3. 如何完成自己的专属创意设计呢？

技能导航

1. 使用土壤湿度传感器来制作智能浇花系统；
2. 综合应用传感器来设计家庭监控警报系统；
3. 动手活动，实现自己的创意想法。

一、智能浇水系统

当和家人一起外出旅游时，总是担心家里种的花花草草因为没有人浇水而枯萎。爸爸妈妈让你设计一款智能浇水系统，你可以和土壤进行“对话”，知道他想不想“喝水”。“嗨，土地公公！你现在渴不渴呀？想不想喝水？我有这些东西可以在你想喝水的时候帮助你哦。有一个传感器，它可以知道你渴不渴；有个抽水泵，它可是你的‘吸管’；还有继电器和一整套电路呢，它们可以帮你在口渴的时候通过‘吸管’喝到水哦。”

“土地公公”听到可开心了，迫不及待地想让你把爸爸妈妈的要求变成现实。这样，全家人都出去玩的时候他就再也不会口渴啦！

（一）任务导航

想要“土地公公”不口渴，那我们需要知道什么时候该把水通过吸管给他喝。当他口渴的时候，我们应该给他喝水；但是当他喝饱了之后，可就不能再把水壶里的水运过来了。那么，为了知道究竟该什么时候该给“土地公公”送水，该送多少水，我们需要做一套智能浇水系统。

术语解密

智能浇水系统里，所谓“智能”就是不需要人的控制，系统能自动感测到什么时候需要灌溉，灌溉多长时间；系统可以自动开启灌溉，也可以自动关闭灌溉；可以实现土壤太干时增大喷灌量，太湿时减少喷灌量。要实现此功能，就要充分利用可编程控制器的控制作用。系统要实现自动感测土壤湿度的功能，必须有土壤湿度传感器。

（二）知识宝库

知识宝藏

1. 土壤湿度传感器

土壤湿度传感器就是监测土壤湿度的传感器，又可以称为土壤水分传感器、土壤墒情传感器、土壤含水量传感器。主要用来测量土壤容积含水量，应用于土壤墒情监测及农业灌溉和林业防护。通常将传感器的探针埋到需要湿度监测的深度，用来监测土壤的湿度。通过测量土壤的介电常数，测量出土壤水分的体积百分比。

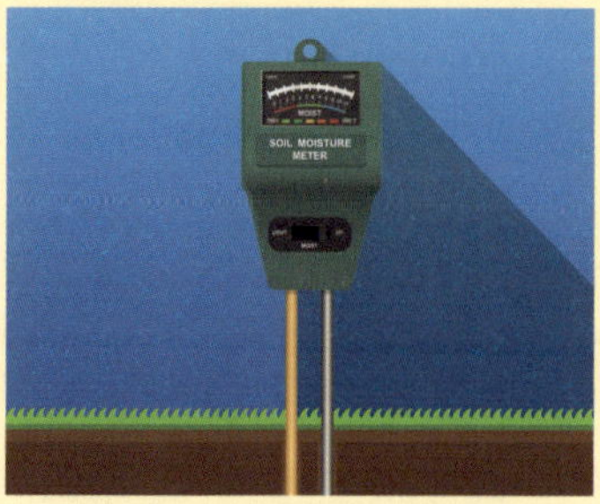

图 5-1　土壤湿度传感器

土壤湿度传感器共有 4 个引脚，分别为：

AO 模拟信号输出　　DO 数字信号输出

GND 电源负极　　VCC 电源正极

知识宝藏

2. 微型抽水泵

微型抽水泵（Micro Water Pump），主要特点在于：泵的抽水口能提供一定的负压（即有自吸能力，通常标有“吸程”参数）。通常把提升液体、输送液体或使液体增加压力，即把原动机的机械能变为液体能量从而达到抽送液体目的的机器统称为水泵。

图 5-2　微型水泵

水泵一般组成形式为“驱动部分＋泵体”，泵体上有一进一出两个接口，水从入水口进，从排水口出，凡是采用这种形式，且体积远小于大型水泵的，叫微型水泵，也叫微型抽水泵。

微型水泵需要将电源通电开关打开来进行自动抽水。

知识宝藏

3. 继电器

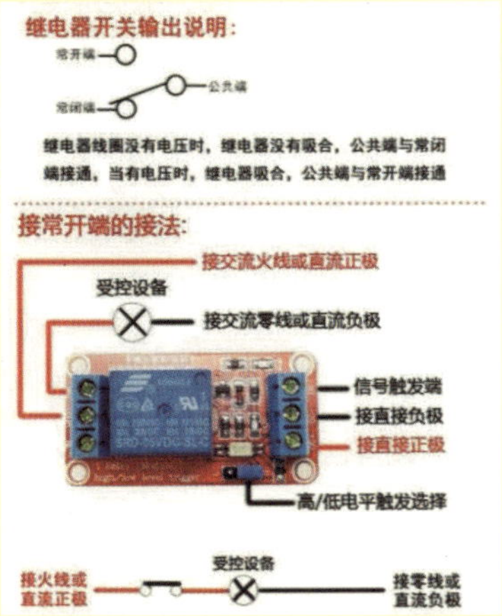

图 5-3　继电器接线示意图

继电器是利用电流的效应来闭合或断开电路的装置，用于自动保护和自动控制。在大多数情况下，继电器就是一个电磁铁，这个电磁铁的衔铁可以闭合或断开一个或数个接触点。当电磁铁的绕组中有电流通过时，衔铁被电磁铁吸引，就改变了触点的状态。简单来说，继电器类似于一个可以通过程序控制的开关。当信号触发端有高或低电平信号时（根据功能设置），继电器吸合，此时电路接通，设备通电正常工作。

知识宝藏

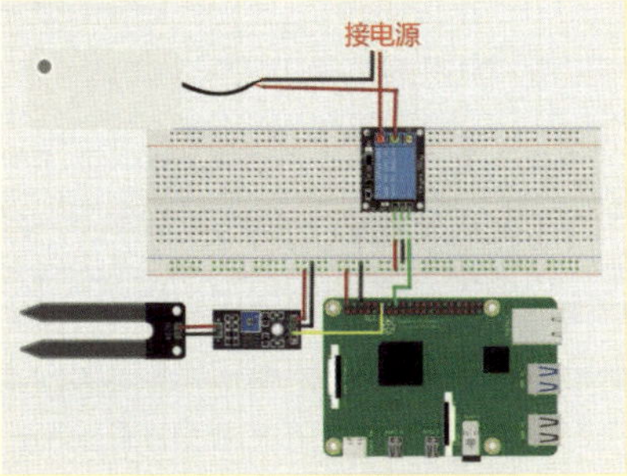

图 5-4　电路连接图

4. 电路连接

由于微型水泵通电后便可工作，因此在连接电路时，需要先将微型水泵的电源线剪开，然后将红色的电线参照图 5-4 所示与继电器连接，其他的电路根据图 5-4 连接即可。

（三）任务工作坊

编程实现

在设计程序时，需要编写程序读取土壤湿度的检测状态，当土壤湿度低时闭合继电器，使微型水泵通电进行浇水，浇水一定时间后自动停止。参考程序如下:

```
import RPi.GPIO as GPIO
import time
import sys

GPIO.setwarnings(False)
GPIO.setmode(GPIO.BOARD)
GPIO.setup(11, GPIO.OUT)
GPIO.setup(12, GPIO.IN)
GPIO.setup(16, GPIO.OUT)  # 添加引脚 16 的输出设置。

def det( ):
    while True:
        if GPIO.input(12) == False:
            print(" 湿度适宜 ")
            GPIO.output(16, False)
        elif GPIO.input(12) == True:
            print(" 湿度低，正在浇水 ")
            GPIO.output(16, True)
            time.sleep(3)
            GPIO.output(16, False)

if __name__ == "__main__":
    try:
        det( )
    except KeyboardInterrupt:
        print(" 程序被用户中断 ")
    finally:
        GPIO.cleanup( )
```

运行调试

根据本节课学习的内容，完成以下任务：

1. 参考图 5-4 电路图连接电路。

2. 参考代码，编写程序进行测试。

神秘拓展

目前，智慧农业中大多数环境参数如温室内温度、湿度、CO_2 浓度、土壤温度、叶面湿度及光照度等都是通过物理传感器实时采集的，温湿度传感器、光照度传感器、气体传感器、营养元素传感器等是目前智慧农业中几种常用的传感器。

温湿度传感器：是目前智慧农业中应用范围最广的一类传感器，用于温室大棚内、土壤、露天环境、植物叶面，以及粮食和果蔬储藏等过程中的温湿度监测。其中空气温湿度传感器用于检测农业环境中空气的温湿度，通常安装在温室大棚或畜禽舍中空气流通的遮阳处。土壤温湿度传感器安装在作物根部土壤中，安装时根据作物的不同根系深度情况来确定传感器埋土深度，每大棚或温室长度通常安装 2—4 个，用以检测作物生长发育过程中土壤温度、水分含量及变动情况，便于及时和适量浇灌。

光照度传感器：光照度是指物体被照明面上单位面积得到的光通量。智慧农业中的光照度传感器普遍采用对弱光也具有较高灵敏度的硅兰光伏探测器，它具有便于安装、防水性能好、测量范围宽、传输距离远等特点，尤其适用于农业温室大棚，用来检测作物生长所需的光照强度是否达到作物的生长状况要求，以决定是否需要补光或遮阳。

气体传感器：目前应用最多的是 CO_2 含量传感器和 NH_3 含量传感器。通过检测温室大棚及畜禽舍中的 CO_2 含量，来决定是否需要增施化肥或者是通风换气。NH_3 含量传感器用于检测畜禽舍环境中的 NH_3 含量，以决定是否需要清除粪便和通风换气。

营养元素传感器：一般用于无土栽培环境所调配的营养液中各种营养元素

的含量检测，也可以用于普通温室大棚中的土壤营养元素含量检测，以决定是否需要施肥。

自评卡

评价维度	评价标准	得分
目标达成度	是否掌握土壤湿度传感器的使用方法	
	是否掌握继电器的使用方法	
	能否对教材案例举一反三	
	动手活动时，能否实现自己提出的想法	

二、家庭监控警报系统

（一）任务导航

想要知道家里安不安全，我们全家出去旅游的时候可没有办法让一个人一直在家里盯着，那么我们需要有一双“千里眼”帮助我们，看看家里究竟有没有发生危险。一旦出现了危险情况，这双“千里眼”要尽职尽责地把这些情况用“顺风耳”告诉我们，我们才能好好保障家里的安全。因此，我们需要设计一套家庭监控警报系统。

我们在上节课中已经将家里的花花草草和“土地公公”照顾好了，但是当家里没有人的时候，总是担心家里不安全。我们可不想开开心心地旅游回来，打开家门却受到大“惊吓”。所以，家人给你安排的第二个任务便是设计一款家庭监控警报系统来保卫我们家的安全。

爸爸妈妈给你提出了许多要求，他们觉得，不仅需要看到家里有没有被“水淹三军”，也要看到有没有“烟火缭绕”，这样才能在旅游归来后舒舒服服地躺在家里的大床上。

术语解密

家庭监控警报系统通常会监控家居环境的温湿度、烟雾浓度等，并将这些数据显示在手机或显示屏上。如果发生意外情况，还将通过互联网或者警报铃的形式反馈给家里主人，将家中一切不安全的隐患掌握在我们手中。

（二）知识宝库

知识宝藏

1. 家庭监控警报系统

根据本学期学习的知识，本节课设计简易的家庭监控报警系统。它主要由以下几部分组成：

在家庭监控报警系统中，“树莓派”为整个系统的控制中心，温湿度模块将使用 DHT11 来测量并将数值显示在 LCD1602 上，同时使用 MQ-2 监控家居环境的烟雾情况。当检测到烟雾时使用蜂鸣器发出报警声音。

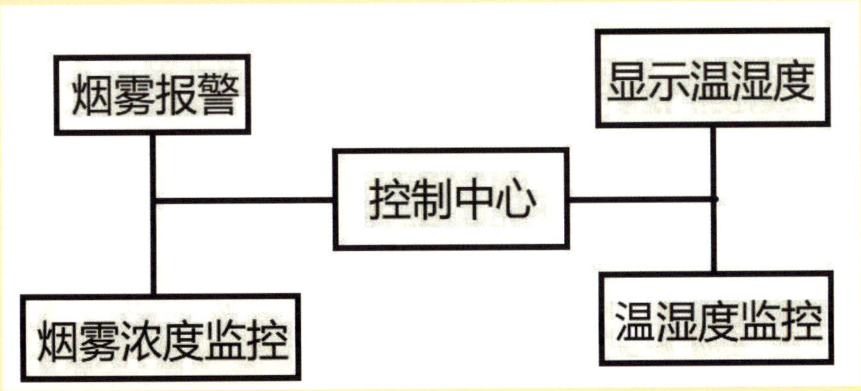

图 5-5　家居系统组成部分

知识宝藏

2. 监控电路

本次任务所用到的硬件较多，在搭建电路时要注意硬件正负极，避免造成电路短路，从而烧坏元器件，参考电路连接如下：

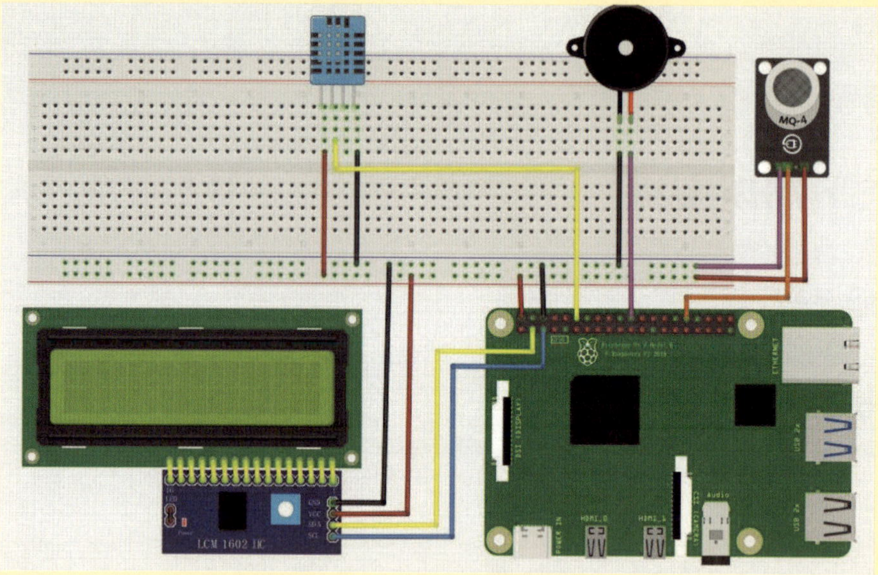

图 5-6　电路连接参考图

对应引脚表格：

模板	模板引脚	树莓派
LCD1602	VCC	5V
	GND	GND
	SDA	GPIO2
	SCL	GPIO3
DHT11	VCC	5V
	GND	GND
	DATA	GPIO18
MQ-2	VCC	5V
	GND	GND
	DO	GPIO12
蜂鸣器	GND	GND
	DATA	GPIO25

搭建好电路后，要反复检查，确认电路搭建正确之后才能连通电源。

（三）任务工作坊

编程实现

在程序中，需要将温湿度传感器测量到的数值显示在 LCD1602 上，结合之前所学的知识，编写程序代码，参考如下：

```
#!/usr/bin/python
import RPi.GPIO as GPIO
import sys
import Adafruit_DHT
import smbus
import time
import LCD1602 as LCD

CHANNEL = 36
buzzer = 12
GPIO.setmode(GPIO.BOARD)
GPIO.setup(CHANNEL, GPIO.IN, pull_up_down=GPIO.PUD_DOWN)
GPIO.setup(buzzer, GPIO.OUT) # 初始化蜂鸣器引脚为输出。

if __name__ == '__main__':
    LCD.init_lcd()
    time.sleep(1)
    try:
        humidity, temperature = Adafruit_DHT.read_retry(11, 26) # 这里假设使用
        DHT11 传感器，可按需修改。
        if humidity is not None and temperature is not None:
            print('Temp:{0:0.1f}C  Humidity:{1:0.1f} %'.format(temperature, humidity))
            LCD.print_lcd(1, 0, 'Temp:{0:0.1f}C'.format(temperature))
            LCD.print_lcd(2, 0, 'Humidity:{0:0.1f} %'.format(humidity)) # 修改湿度显
示的参数。
        # 这里可以添加根据温湿度控制蜂鸣器的逻辑。
```

```
            # 比如温度过高或湿度过低时报警。
            if temperature > 30 or humidity < 20:
                GPIO.output(buzzer, GPIO.HIGH)
            else:
                GPIO.output(buzzer, GPIO.LOW)
        else:
            print('Failed to retrieve data from sensor')
    except Exception as e:
        print(f "An error occurred: {e}")
    finally:
        GPIO.cleanup( )  # 程序结束时清理 GPIO 资源。
```

运行调试

根据本节课学习的内容，完成以下任务：

1. 参考图 5-6 电路图连接电路。
2. 参考“编程实现”中的步骤和代码，编写程序设计家庭监控警报系统。

神秘拓展

智能家居是在互联网影响之下物联化的一种体现。智能家居通过物联网技术将家中的各种设备（如音视频设备、照明系统、窗帘控制、空调控制、安防系统、数字影院系统、网络家电以及“三表”抄送等）连接到一起，提供家电控制、照明控制、窗帘控制、电话远程控制、室内外遥控、防盗报警、环境监测、暖通控制、红外转发以及可编程定时控制等多种功能和手段。与普通家居相比，智能家居不仅具有传统功能，还兼备建筑、网络通信、信息家电、设备自动化，集系统、结构、服务、管理于一身，提供高效、舒适、安全、便利、环保的居住环境，以及全方位的信息交互功能，帮助家庭与外部保持信息交流畅通，优化人们的生活方式，帮助人们有效安排时间，增强家居生活的安全性，甚至可以节约能源。

自我小盘点

本章节学习了传感器的综合应用来设计家庭监控警报系统，虽然只是一个简单的模型，但是我们已经迈出了实现智能家居的第一步，期待经过后续的完善，能够实现更多的功能。

学习与活动	具体内容	自我评价	同学互评
知识与技能	传感器的综合应用	☆☆☆☆☆	☆☆☆☆☆
创造力表现	独立完成本节课任务	☆☆☆☆☆	☆☆☆☆☆
	对教材案例能举一反三	☆☆☆☆☆	☆☆☆☆☆
协作能力	愿意进行小组分工，一起活动	☆☆☆☆☆	☆☆☆☆☆
	同伴遇到问题时，愿意相互帮助	☆☆☆☆☆	☆☆☆☆☆
问题解决	问题解决动手活动，实现自己提出的想法和功能	☆☆☆☆☆	☆☆☆☆☆

自评卡

评价维度	评价标准	得分
知识掌握度	是否掌握土壤湿度传感器的使用方法	
能力提升度	是否掌握继电器的使用方法	
	能否对教材案例举一反三	

三、创意设计

旅行回到家之后，爸爸妈妈发现家里井井有条。你设计的系统不仅让“土地公公”每天都能喝饱水，让家里的花花草草争奇斗艳；还让家里多了一双“千里眼”，家里的安全得到了很大的保障。家人表扬了你，并希望你能提出全新的设计，成为一名更优秀的“小创客”！

（一）任务导航

前两节里，我们通过智能浇水系统和家庭监控警报系统的设计与应用，已经学习了树莓派和常见传感器的基本使用方法。树莓派自问世以来，受到了很多计算机“发烧友”和创客的追捧，曾经一“派”难求。别看其外表“娇小”，内“心”却很强大，视频、音频等功能通通皆有，可谓是“麻雀虽小，五脏俱全”。

想要做出全新的设计，我们首先要在知识宝库中学习各位“创客”利用树莓派做了哪些优秀的创意设计，在这个基础上提出自己的想法并投入实际应用，这样才能成为爸爸妈妈心目中一名优秀的“小创客”噢！

（二）知识宝库

知识宝藏

1. 电子游戏桌

电子游戏桌用一片 Arduino Leonardo 制作游戏手把（包括游戏杆以及 7 个按键），配备一对 Arctic Spaso USB 供电喇叭以及 17 寸液晶显示器，全部整合在一张 IKEA 的 Lack 茶几里。RetroPie 被用作游戏仿真器，并更新了 RPi 3 的功能，让玩游戏就像是放一张预先加载影像的 SD 储存卡那样容易。

图 5-7　电子游戏桌

知识宝藏

2. 小型无人机

用树莓派结合 PXFmini 自动驾驶仪以及 HobbyKing 规格的 FPV250 四轴飞行器，就能打造一架小型无人机。树莓派是无人机的“大脑”，PXFmini 则提供了 8 个伺服输出、惯性传感器、气压计以及数个转接器（I2C/UART/电源）；无人机可利用支持 Wi-Fi 的游戏手把、经过编程的 ROS+Wi-Fi 或是传统 RC 控制器来操纵。

图 5-8　小型无人机

知识宝藏

3. 多功能的球

多功能的球采用定制化的 3D 打印外壳，所配备的树莓派能支持各种应用，例如利用运动追踪绘出 3D 空间、无线上网，或是持续追踪球弹跳的次数。也许还可以将摄影机与球结合，支持室内空间制图等。

图 5-9　多功能的球内部

知识宝藏

4. 智慧宠物家

在宠物小熊的家里放置一个树莓派和夜视镜头，以及一些红外线灯，这样就可以在黑暗中看见小熊在家的情况了，然后使用树莓派通过网络串流视频，就可以在不打扰宠物的情况下近距离地观察它们的情况了。

图 5-10　智慧宠物家

知识宝藏

5. 自动气象站

自动气象站可以实时探测气温、湿度、气压、风速、风向、降雨量、紫外线辐射等气象信息。它通过不同的传感器采集地面气象数据，数据采集完成后通过网络统一传输到气象服务器上，再经气象采集软件处理各项数据，最后通过专业气象软件传出。

图 5-11　自动气象站

（三）任务工作坊

创意实现

我们已经了解树莓派的强大之处，通过本学期的学习，相信你也有很多的想法要通过树莓派来实现，接下来就是你大展身手的时候了。请将自己的想法填写到下页的表格中，然后在老师的指导下实现自己的设计吧！

创意设计单			
班级		姓名	
创意名称			
创意草图：			
功能说明：			

自评卡

评价维度	评价标准	得分
知识掌握度	是否利用树莓派实现创意想法	
能力提升度	能否对教材案例举一反三	
	动手活动时，能否实现自己提出的想法和功能	

第六章
虚拟现实技术

一、初识 VR

虚拟现实（Virtual Reality，VR）是一种计算机生成的环境，带有模拟现实世界或想象世界特征的三维空间。用户通过特殊的头戴设备进入这个世界，实现与环境的互动。这种技术提供了一种全新的沉浸式体验，使用户感觉仿佛身处另一个世界。

图6-1 VR设备(1)

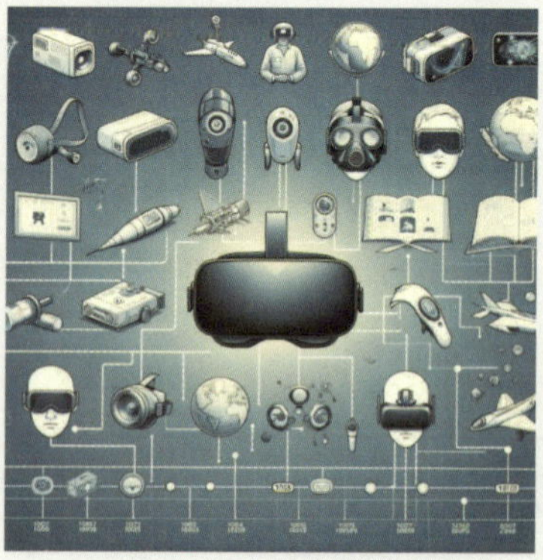

图6-2 VR设备(2)

虚拟现实的概念最早可以追溯到 20 世纪 50 年代，那时的科学家们开始探索创建一个由计算机控制的模拟环境。到了 21 世纪，随着技术的发展，VR 设备变得更加先进和普及。其中，Oculus Rift 的推出标志着现代虚拟现实技术的重大突破。

VR 设备主要由头戴显示器（HMD）组成，它包含一个或多个屏幕，用于呈现三维图像。内置的传感器，如陀螺仪和加速计，可以追踪用户的头部移动，确保图像随用户视角的变化而实时调整。此外，一些高级 VR 系统还包括手部追踪器和全身追踪套装，以实现更全面的互动体验。其应用一般包括如下部分：

图6-3 VR设备(3)

（一）游戏与娱乐

节奏光剑：这是一款流行的 VR 游戏，玩家使用 VR 头盔和手持控制器（光剑）击打飞来的音乐节拍。游戏结合了音乐、运动和视觉效果，创造了一种独特且身临其境的游戏体验。

图 6-4 节奏光剑

虚拟旅游：VR 技术也被用于模拟旅游体验。用户佩戴 VR 头盔后，仿佛身处世界各地的名胜古迹，如罗马斗兽场或埃及金字塔，体验这些地方的历史和文化。

图 6-5 VR 虚拟旅游

（二）教育和培训

历史教育：在历史教育中，VR 可以用来重现历史事件或场景。例如，学生可以通过 VR 感受第一次世界大战的战场，或是 3D 观看中世纪的欧洲城堡，从而更直观地了解历史。

医学培训：医学生通过使用 VR 技术进行手术模拟，提升手术技能。这种模拟不仅可以展示真实的解剖结构，还可以模拟手术过程中的各种情况，如出血或意外情况的应对。

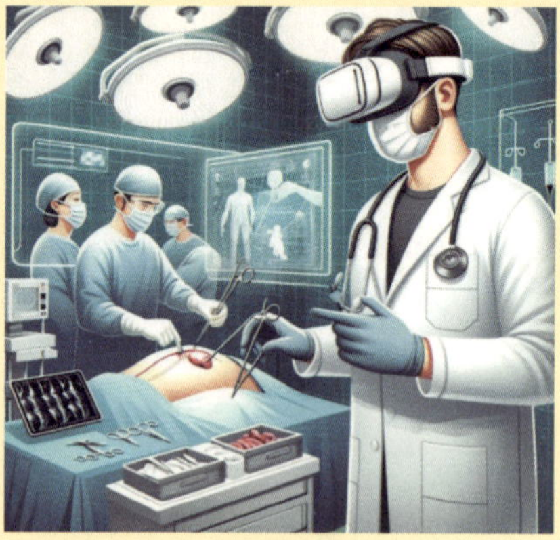

图 6-6　VR 用于医疗

（三）医疗和治疗

恐惧症治疗：VR 可用于治疗各种恐惧症，如高空恐惧症和蜘蛛恐惧症。通过逐渐增加暴露于虚拟环境中的恐惧源，让患者能够在安全、可控的环境中逐步克服恐惧。

认知康复训练：对于脑损伤患者，VR 技术提供了一种进行认知康复训练的有效方式。患者可以在虚拟环境中进行记忆和认知技能的练习，如虚拟的购物任务或日常生活技能训练。

（四）工业和设计

汽车设计：在汽车行业，设计师和工程师利用 VR 技术来模拟新车型的设计和性能。这不仅加快了开发过程，还提高了设计和工程的精确性。

图 6-7 VR 用于工业

虽然 VR 技术极具潜力，但仍面临一些挑战，如高昂的设备成本、用户的晕动症问题，以及内容的开发成本。未来，随着技术的进步，这些挑战有望被突破。预计 VR 将在游戏、教育、医疗等更多领域发挥更大作用，带来更加真实和丰富的虚拟体验。虚拟现实是一种革命性的技术，它通过创造沉浸式的数字环境，为用户提供全新的体验方式。从娱乐到教育，从医疗到工业设计，VR 正在逐步改变我们的生活和工作方式。随着技术的不断发展，我们可以期待 VR 在未来带来更多惊喜和挑战。

二、玩转 AR 与 VR

（一）开发准备

AR 工具开发前，还有选择开发引擎、配置 AR 软件开发包和运行平台环境配置等前期准备工作需要完成。

图 6-8　VR 开发准备流程图

选择开发引擎是首要任务。目前主流的开发引擎有 Unity3D、虚幻引擎、Cry Engine 3 等，本研究选择 Unity3D 作为开发引擎。该引擎允许个人不以营利为目的免费使用，并且支持 Windows、Linux 和 Mac 系统三种主流操作系统，实用性强。其官方网站和论坛上有大量的免费教学视频、各种素材资源和封装好的代码，有大量的一线技术人员留下的宝贵开发经验和项目方案，上手难度低。

其次是配置 AR 软件开发包，目前市面上常见的与 Unity3D 兼容的开发包有 Vuforia、AR Toolkit 等。其中 Vuforia 具有终身免费、性能出众、适配性强等独一无二的特点，因此本研究选择 Vuforia 和前文提到的拥有国产自主知识产权的 HUAWEI AR Engine 作为 AR 软件的开发包。

最后是运行平台环境配置，该步骤主要涉及 Unity3D 安装、Vuforia 和 HUAWEI AR Engine 的运行配置以及 Android 环境配置（搭载 JDK 和 SDK）三部分。

（二）素材开发

AR 工具的素材包含识别图、音 / 视频、三维模型和模型动画四种，我们将开发素材的工具总结如表 6-1 所示：

表 6-1 AR 教学资源素材种类以及对应开发工具

素材种类	开发工具
识别图	Photoshop
音频 / 视频	格式工厂、剪映、迅捷转换器
三维模型	3dsMAX、SketchUp
模型动画	Untiy3D

Vuforia 的官方网站把本地图片设置为识别图，将自动给本地图片的识别精度打分，我们选择识别精度为四星及以上的图片作为识别图。为了尽可能排除光照、摄像机抖动、摄像机像素不清等因素导致的识别抖动等问题，提升识别图的识别精度，本研究给所有识别图加上了风格统一的复杂纹理背景，选择了能够代表该识别图意义的文字和画面，以增加识别图的图像特征点数量。识别图的开发与优化主要在 Photoshop 中完成。

图 6-9 优秀识别图举例

AR 工具需要的音频素材主要包括各场景内的提示音（游戏规则提示等）和各种三维模型的音效（动物异常的叫声、物体燃烧的声音等）。其中场景内的各种提示音采用“迅捷”转换器将设计好的文本转换为播音女生的音频，音效大多从“爱给网”等资源网站上下载无噪声、声音清晰度高以及贴合场景内容的音频。所有的音频文件均在格式工厂中进行剪辑，并转换成 MP3 无损压缩格式，保证音频质量的同时减少内存占用。

AR 工具使用的三维模型主要有两种来源，其一是在 Unity3D 官方网站的资源商店中进行下载，这种方式虽然较为便利，但很难找到完全契合该 AR 教学资源的三维模型。其二是使用各类建模软件，根据该 AR 资源的需求定制三维模型，这种方式使得模型和 AR 资源高度匹配，并且可以保证该 AR 资源整体风格的统一性。本研究大多数三维模型使用 3dsMAX、SketchUp 等建模软件和 Unity3D 自带的建模功能来开发，建立好模型后导出为 FBX 格式格式，因为它能记录下模型的材质、骨骼等信息，方便后续在 Unity3D 内置的动画系统中设计开发对应模型的动画。

图 6-10 使用 SketchUp 软件建模

（三）界面开发

AR 工具的界面包括各种文字、图片和按钮。文字部分利用 Unity3D 的 Text 组件开发，该组件具有效率高、实现效果好、易于使用和拓展、与 Unity3D 编辑器的兼容性高等特点，根据上文界面设计的分类，分别修改 Text 组件面板中的 Text，Font，Font Size，Color 等属性，得到显示文本不同的文字，并挂载 Outline 组件进行描边，增加文本的清晰度。

图 6-11 部分图片与按钮举例

在图片部分，选择从网上下载原始素材，在 Photoshop 中进行优化加工后导入 Unity3D 中，将 Texture Type 设置为 Sprite（2D and UI），随后利用 Unity3D 中的 Image 组件进行开发，根据图片的种类与内容，修改 Image 组件面板中的 Source Image，Color，Material，Raycast Target 等属性，调整位置。最后，与图片部分类似，按钮部分也选择从网上下载原始资源，利用 Photoshop 进行优化，并导入 Unity3D 进行开发。在 Unity3D 中开发按钮的流程与图片开发类似，唯一不同的是最后还需通过挂载 Outline 组件，添加点击事件。

（四）场景开发

以“安全大作战”系列为例，该系列共包括用电安全、地震安全和消防安全三个主题共十个场景，以主题为模块简要描述各个场景开发思路。

1. 用电安全大作战

在 Unity3D 中创建“Where Does the Electricity Come from”“Conductors and Insulators”“Danger！High Voltage”三个场景。

首先是“Where Does the Electricity Come from”场景，该场景基于 Vuforia 开发。场景内的三维模型层包含发电厂、高压电缆用电、居民楼用电三种三维模型，分别对应电的来源、电的输送以及电的使用。使用者通过点击 UI 按钮控制相应模型的出现与消失，当模型出现时，资源界面会出现画面并介绍对应的知识。

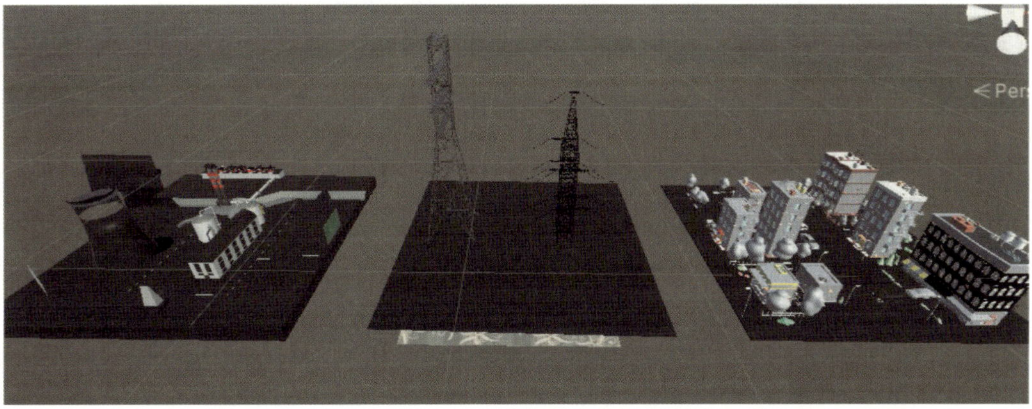

图 6-12 “Where Does the Electricity Come from”场景

其次是“Conductors and Insulators”场景，该场景基于 Vuforia 开发。场景内的模型层包含五个导体或者绝缘体，分别处于五个识别图下；一个由大量模型组合而成的修理电灯泡情境，该情境分别配以修理成功、修理失败的粒子特效，模型和粒子特效处于同一个识别图下。使用者可通过卡片配对功能，选择不同的导体和绝缘体去和上述情境配对，根据配对的结果不同，出现不同的特效，表示修理成功或者失败。

图 6-13 “Conductors and Insulators”场景

最后是“Danger！ High Voltage”场景，该场景基于 Vuforia 开发。场景模型层包含由大量模型组合成的“当心触电”“小心电缆”两个子模块，并且配以跑动、倒地、触电等相应的动画与特效。当使用者扫描识别图时，模型中的主人公会自动按照预设好的路线播放动画，触发特效。

图 6-14 “Danger！ High Voltage”场景

2. 地震安全大作战

在 Unity3D中创建“Animal Abnormality”“Structure of The Earth” 和“Earthquake Origin”“Earthquake is Coming”四个场景。

首先是“Animal Abnormality”场景，该场景的功能主线为调用手机陀螺仪观察三维模型（使用者旋转移动设备，画面中的视角随之改变）。场景的三维模型层使用一座城市作为整个场景的宏观背景，此外还有狗、鱼、老鼠等地震来临前会出现异常的动物，并配以地震来临时的异常表现动画。在粒子特效层方面，场景中构建三个光圈，通过点击三个光圈来引发地震来临前的动物的异常。

图 6-15 “Animal Abnormality”场景

其次是“Structure of the Earth”场景，该场景基于 Vuforia 开发。场景的三维模型层是一个地球，通过点击 UI 按钮高亮地球的内部结构（地壳、地幔和地核）。同时该场景还包含一个知识测试功能，可通过拖拉拽的方式从上到下排列地球的结构，让学生巩固所学知识。

图 6-16 “Structure of the Earth”场景

再次是“Earthquake Origin”场景，该场景基于 Vuforia 开发。场景的模型层由地壳、地震源、地壳上的山脉组成，均在一个识别图下，配以仅横波地震、仅纵波地震和横波纵波同时存在的地震动画，模拟地震的宏观成因。使用者扫描识别图后，点击相应 UI 按钮，模型将出现并随之播放或暂停对应动画。

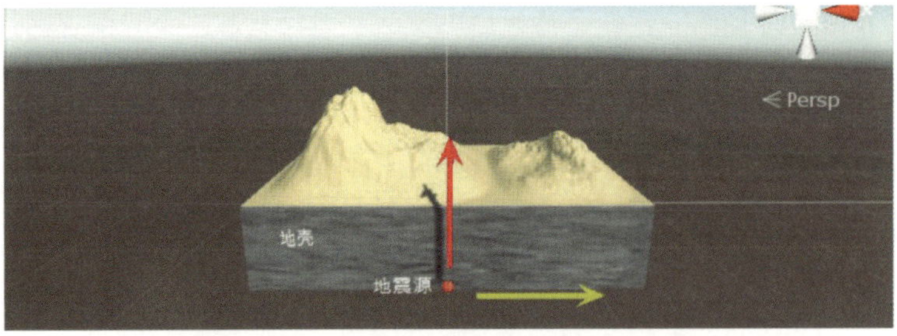

图 6-17 “Earthquake Origin”场景

最后是场景“Earthquake is Coming”，该场景基于 HUAWEI AR Engine 开发。场景的三维模型层采用大量模型，组合成了一个卧室。使用者可以端着平板在现实生活中行走，场景内的第一人称人物会同步行走；在现实生活中蹲下，人物将同步蹲下。模拟地震会随机发生，当地震发生时使用者可以选择靠近窗户并跳窗逃走、靠近大门并往门逃走、靠近桌子和椅子并躲在下方，通过点击 UI 按钮的方式选择答案，与移动设备进行交互。

图 6-18 “Earthquake is Coming”场景

3. 消防安全大作战

在 Unity3D 中创建“Dimension Door Coming”“Combustion Condition”“Let's Put Out the Fire”三个场景。

首先是“Dimension Door Coming”场景，该场景基于 HUAWEI AR Engine 开发。该场景中设置两个空间，分别是“爆炸屋”和“消防屋”，均由大量三维模型组合而成。利用透明材质的“MASK”将其遮挡，使其模拟出“任意门”功能，即从外部空间看去只能看到一扇门（在门外向门内看去只能看到空间里面的部分模型），当使用者穿过门“走进”空间内，可以看到空间内的所有景象，好像穿越到了另一个环境中。摄像机位于两个空间的侧面，通过技术手段让使用者进入场景能看到两个不同的任意门。

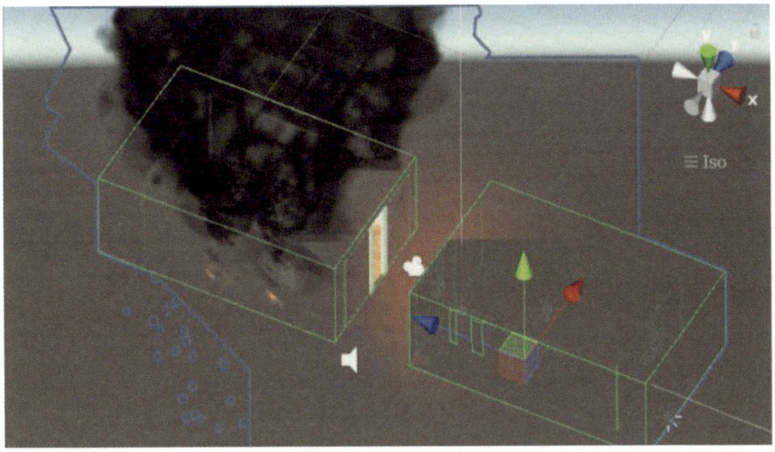

图 6-19 “Dimension Door Coming”场景“任意门”

图 6-20 “Dimension Door Coming”场景“爆炸屋”

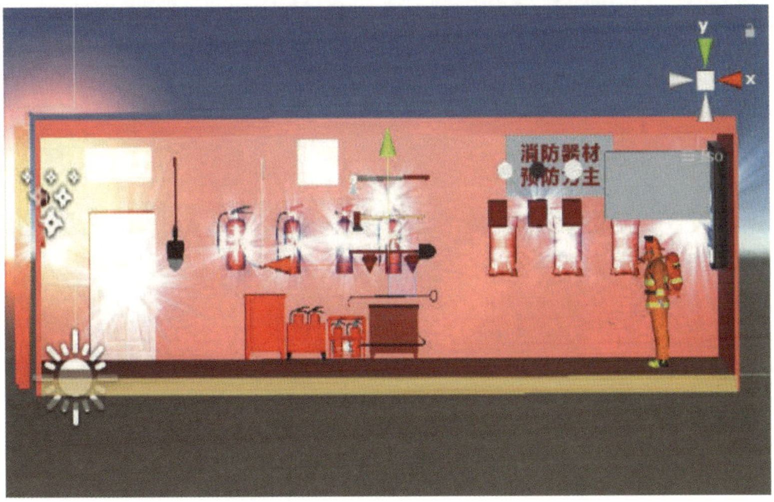

图 6-21 “Dimension Door Coming”场景“消防屋”

其次是“Combustion Condition”场景，该场景基于Vuforia开发。在该场景的三维模型层分别导入蜡烛以及配套的玻璃罩、书本、树木、垃圾桶、钢铁侠和喷火龙等三维模型。其中蜡烛模型配以燃烧的特效，营造出燃烧中的蜡烛形象，并且使用UI按钮控制玻璃罩的出现与消失，当玻璃罩出现时，火焰逐渐熄灭。书本、树木、垃圾桶和钢铁侠分别作为可燃物与不可燃物放在同一张识别图下，并且使用UI图片控制其出现与消失。给喷火龙配以燃烧的特效模拟火源，使用UI滑轮控制火焰的温度。将上述物体与火源进行交互，当火源的火焰触碰到可燃物并且温度足够时，该物体燃烧；其余情况物体均不燃烧，并给出不燃烧的理由。

最后是“Let's Put Out the Fire”场景，该场景基于Vuforia开发。场景的三维模型层包括木材、汽油桶等六种导致不同类型火灾的燃烧物以及水基型灭火器、二氧化碳灭火器等四种不同类型的灭火器，均位于不同的识别图下。燃烧物以及灭火器均配以相应特效，营造正在燃烧、喷出二氧化碳等效果。当特定种类的灭火器对准其可扑灭的燃烧物时，火焰熄灭；其余情况火焰均不能熄灭，并给出错误提示。

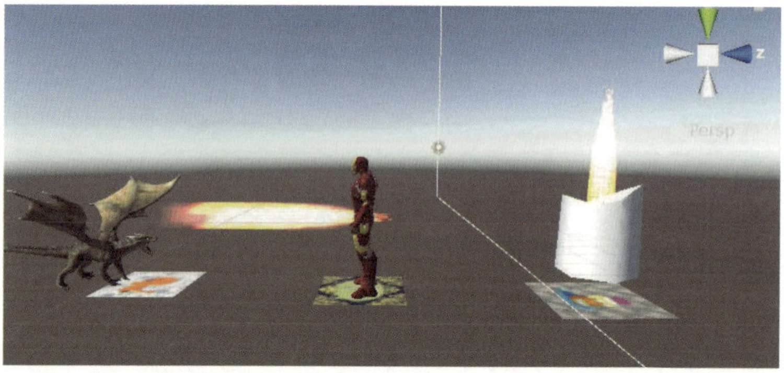

图6-22 “Combustion Condition”场景

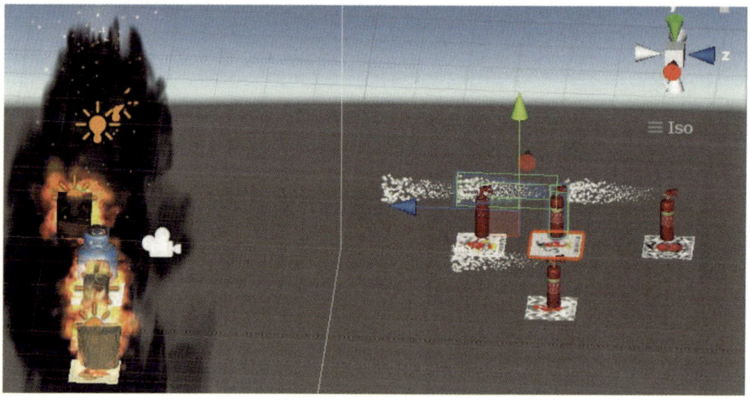

图6-23 “Let's Put Out the Fire”场景

4. 主要功能开发

（1）平面识别功能

平面识别功能基于 HUAWEI AR Engine SDK 实现，本研究在原有的代码的基础上增补、删减了一些功能。例如放置物体后地面网格消失，主屏幕中仅能放置一套虚拟模型，去掉点云、FPS 等增加学生认知负荷的无关因素等。该功能的关键逻辑是通过 hitResult.GetTrackable 方法获取手指点击 AR Plane 后的位置信息，然后使用两个 if 语句分别判定点击到的地方是否是 AR Plane、是否捕捉到虚拟模型，如果返回的 BOOL 类型均为“是”，则在实例化和可视化三维模型的同时消除地面网格，核心代码如下：

```
Gameobject prefab;

trackable=hitResult.GetTrackable( ); # 获取手指点击虚拟地面后的位置信息。
if(trackable is ARPlane)  # 如果点击后的地方是虚拟地面 (ARPlane)。
{
  if(!mainCharacter) # 没有捕捉到虚拟模型。
  {
      prefab=Character;# prefab. 赋值为模型。
      mainCharacter=true;
      for(inti=0;i<planeGameobjects.Count;i++) # 点击虚拟地面后，模型出现后网格消失。
      {
         planeGameobjects[i].GetComponent<Trackedplanevisualizer>( ).enabled=false;
         planeGameobjects[i].GetComponent<MeshRenderer>( ).enabled=false;
         planeGameobjects[i].SetActive(false);
         planeLabelobjects[i].GetComponent<PlaneLabelvisualizer>( ).enabled=false;
         planeLabelobjects[i].GetComponent<MeshRenderer>( ).enabled=false;
         planeLabelobjects[i].SetActive=(false);
      }

      ARAnchor anchor=hitResult.CreateAnchor( ); # 点击后的位置信息。
      var logoobject=Instantiate(prefab,anchor.GetPose( ).position,anchor.GetPose( ).rotation)
      # 实例化虚拟模型——模型的位置和旋转角度。
      logoobject.GetComponent<ARDiscoveryLogovisualizer>( ).Initialize(anchor);
      # 模型可视化。
```

（2）手指交互功能

模型缩放、旋转功能：通过使用触屏事件，定义两个不同的手指触摸点，捕捉触摸点的数量。当触摸点的数量为一个时，通过手指可控制该模型前后移动和左右旋转；当触摸点的数量为两个时，通过触摸点的位置可判断两手指前后位置距离之差，大于零则放大模型，小于零则缩小模型，核心代码如下：

```
# 单点触摸，水平上下旋转。
if (1 == Input.touchCount)
{
        Touch touch=Input.GetTouch (0);
        Vector2 deltaPos=touch.deltaPosition;
        transform.Rotate(Vector3.down*deltaPos.x*-1,Space.Self);
 }
# 多点触摸，放大缩小。
Touch newTouch1=Input.GetTouch(0);
Touch newTouch2=Input.GetTouch(1);
# 第 2 点刚开始接触屏幕，只记录，不做处理。
if (newTouch2.phase =TouchPhase.Began)
{
        oldTouch2 =newTouch2;
        oldTouch1 =newTouch1;
        return;
 }
# 计算老的两点距离和新的两点间距离，变大要放大模型，变小要缩小模型。
float oldDistance =Vector2.Distance(oldTouch1.position,oldTouch2.position);
float newDistance =Vector2.Distance(newTouch1.position,newTouch2.position);
# 两个距离之差，为正表示放大手势，为负表示缩小手势。
float offset= newDistance oldDistance;
# 放大因子，一个像素按 0.01 倍来算 (100 可调整 )。
float scaleFactor =offset / 500f;
Vector3 localScale =transform.localScale;
Vector3 scale =new Vector3(localScale.x scaleFactor,localScale.y scaleFactor,localScale.z
scaleFactor);
```

发射射线功能：当手指点击屏幕时，发射一条从摄像机产生、经过屏幕上光标的射线，该射线无穷无尽，只有与其他物体发生碰撞时，该射线才会停止。代码逻辑是新建一个 RaycastHit 类型的变量储存发射射线产生的碰撞信息，使用 Physics.Raycast 方法捕捉碰撞后碰撞体的信息，并且返回一个布尔值，通常在实际代码编写过程中还会加入 if 语句，进一步筛选得到的碰撞体信息。发射射线功能核心代码如下：

```
Ray myRay = mm.ScreenPointToRay(Input.mousePosition);
if (Input.GetMouseButton(0))
{
        RaycastHit myHit;
        if (Physics.Raycast(myRay,out myHit))
        {
        }
}
```

UI 交互之按钮点击功能：该功能是通过给按钮绑定事件监听器，使得点击该按钮时执行 Click 方法下的不同代码。比如切换不同场景或者在出现游戏失败、画面卡顿等情况时刷新当前场景，又如控制粒子特效、三维模型的出现与消失、改变 Text 内容、控制 UI 图片的出现与消失等。利用按钮点击功能切换场景的主要代码如下：

```
public void click( )
{
        Application.LoadLevel(SceneName);
}
```

UI 交互之 Slider 控制变量功能：该功能是通过滑动 Slider 的子物体 Handle Slide Area 来控制变量的，通过滑动 Handle Slide Area，该 Slider 的 Value 将会随之改变，即可在代码中定义一个变量来接受 Value 的值。Slider 控制变量功能主要代码如下：

```
sunStrength =(int)sliderSun.GetComponent<slider>( ).value;
```

（3）卡片识别功能

该功能是基于 Vuforia 自带的 DefaultTrackableEventHandler 脚本改进而来的，通过在该代码下的方法 OnTrackingFound 和 OnTrackingLost 中分别赋予特定变量一个特定的值、调用 / 禁用特定的脚本，来判断该识别卡片是否被识别。基于该功能，可以衍生出卡片配对的功能，即使用 if 方法，判定当两个卡片同时被识别时，执行后续代码。捕捉识别卡片功能主要代码如下：

```
protected virtual void OnTrackingFound
{
  AltrackID =1;
  isTracked.enabled =true;
}
protected virtual void OnTrackingLost( )
{
  AltrackID=0;
  isTracked.enabled =false;
  Hide( );
}
```

（4）陀螺仪功能

陀螺仪又被称为角速度传感器，拥有它的移动设备可以打破只能感应相对水平面转角的壁垒，使得该设备可以感应任何方向的转角。通俗来说，就是可以检查移动设备的位移，从而实现各种操作，例如手机向左转，场景里面的模型也向左转，等等。陀螺仪功能核心代码如下：

```
void Start( )
{# 是否支持陀螺仪。

        gyinfo=SystemInfo.supportsGyroscope;
        # 获取陀螺仪的默认值。
        go=Input.gyro;
        # 陀螺仪启动。
        go.enabled=true;
}
void Update( )

{
        if (gyinfo)
        {
           # 获取并且调整欧拉角。
           Vector3 a = go.attitude.eulerAngles;
           a=new Vector3(-a.x,-a.y,a.z);
           # 赋予该陀螺仪的欧拉角给摄像机，使得摄像机跟随欧拉角旋转。
           this.transform.eulerAngles=a;
           this.transform.Rotate(Vector3.right*90,Space.World);
           this.transform.Rotate(Vector3.up*90,Space.World);
           draw=false;
        }
   else
   {
           draw true;
   }
}
```

（5）震动功能

“地震安全大作战”主题中使用到了震动功能，它使用两种不同的方式实现了该功能。其一是记录下对象的初始位置，然后使用 Random.insideUnitSphere 方法，将初始位置与随机三维向量的相加赋给对象，其二是使用 Rect 方法构造一个不断变换的相机位置，模拟场景中的三维模型不断震动的效果，使用这种方法写成的代码通常挂载在 Camera 上。

震动功能核心代码如下：

```
Vector3 pos=first pos + Random.insideUnitSphere*shakeAmount;
transform.localPosition=pos;
```

此外，在本研究中这两种方法都使用了 Handheld.Vibrate 方法去触发移动设备自带的震动器，以此增加震动的真实性。调用设备自带的震动器代码如下：

```
selfCamera.rect = new Rect(shakeDelta *(−1.0f+shakeLevel*Random.value),
  shakeDelta*(−1.0f+shakeLevel*Random.value),1.0f,1.0f);

Handheld.Vibrate( );
```

附 录

1. 物联网（Internet of Things，IOT）

物联网是将各种信息传感设备［如射频识别 (RFID) 装置、红外感应器、全球定位系统、激光扫描器等装置］与互联网结合起来而形成的一个巨大网络。其目的是让所有的物品都与网络连接在一起，方便识别和管理。

2. 传感器

传感器是由一种敏感元件和转换元件组成的检测装置，能感受到被测量，并能将检测和感受到的信息按照一定规律转换为电信号（电压、电流、频率或者是相位等）的形式输出，最终为物联网应用的数据分析、人工智能提供数据来源。

（1）距离传感器

距离传感器根据测距时发出的脉冲信号不同，可以分为光学和超声波两种。二者的原理类似，都是通过向被测物体发送脉冲信号，接收反射，然后根据时差、角度差和脉冲速度计算出被测物体的距离。距离传感器被广泛应用于手机和各种智能灯具中，产品可以根据用户在使用过程中的不同距离产生不同的变化。

（2）水位传感器

水位传感器收集的数据可用于洪水预警系统进行分析和预测，预防自然灾害。除了环境保护之外，该传感器还可用于各种工业应用，以控制和优化制造流程。

（3）运动传感器

运动传感器最常见的物联网案例是智能建筑系统，除了帮助监控私人或公共空间免受入侵和盗窃之外，运动传感器的使用正在拓展到能源管理解决方案、智能摄像头、自动化设备等其他方面。

（4）图像传感器

图像传感器将光学数据转换成电脉冲，使联网设备能够观察周围环境，并利用所提供的数据分析获得见解，以采取相应的指令。每当需要智能设备“看到”周围环境时，就会使用图像传感器。它的应用范围包括智能车辆、安全系统、雷达和声呐等设备、医疗成像设备以及数码相机。

（5）温湿度传感器

温湿度传感器将温度、湿度等物理量变成电阻，方便由控制器接收。湿度感测部件具有两个电极，两个电极之间夹有水分保持基板。随着水蒸气被基板吸收，离子会被基板释放，从而增加电极之间的电导率。两个电极之间的电阻变化与相对湿度成反比。较高的相对湿度会降低电极之间的电阻，而较低的相对湿度会增加电极之间的电阻。

（6）超声波传感器

超声波传感器是将超声波信号转换成其他能量信号(通常是电信号)的传感器。超声波是振动频率高于20000Hz的机械波。它具有频率高、波长短、绕射现象小，特别是方向性好、能够成为射线而定向传播等特点。超声波对液体、固体的穿透本领很大，尤其是在不透明的固体中。超声波传感器用于自动驾驶汽车的监控道路和周围环境，通过检测汽车前后的汽车或其他物体的靠近来防止碰撞。

（7）烟雾传感器

烟雾传感器利用烟雾敏感元件受烟雾（主要是可燃颗粒）浓度影响阻值变化的原理向主机发送烟雾浓度相应的模拟信号。烟雾传感器用于检测环境中是否有烟雾和烟雾的浓度，例如检测起火时的浓烟。烟雾传感器种类繁多，从检测原理上可以分为三大类：

A. 利用物理、化学性质的烟雾传感器：如半导体烟雾传感器、接触燃烧烟雾传感器等。

B. 利用物理性质的烟雾传感器：如热导烟雾传感器、光干涉烟雾传感器、红外传感器等。

C. 利用电化学性质的烟雾传感器：如电流型烟雾传感器、电势型气体传感器等。

其他常见的传感器包括雨滴传感器、光线传感器、声音传感器等。

3. 蜂鸣器

蜂鸣器是一种一体化结构的电子讯响器，主要用于提示或报警，根据设计和用途的不同发出音乐声、汽笛声、蜂鸣声、警报声、电铃声等各种不同的声音。蜂鸣器主要分为有源蜂鸣器和无源蜂鸣器两种，其区别主要在于其内部是否带振荡源。

（1）无源蜂鸣器：内部没有振荡源，直流信号无法让它鸣叫。必须用去振荡的电流驱动它，需要使用2000—5000Hz的方波PWM (Pulse Width Modulation 脉冲宽度调制)。5000Hz就是每秒振动5000次，每一个完整的周期占用200us时间，高电平占一部分时间，低电平占一部分时间。

（2）有源蜂鸣器：内部带振荡电路，一通电就鸣叫，和之前讲到的LED一样，给个高电平就能响，编程比无源的方便。在本节课的学习中，我们主要以有源蜂鸣器来讲解。

4. 开源硬件 Open Source Hardware

开源硬件是一个有形的造物，“机器、设备或者其他具体实物的术语——其设计向公众发布，任何人可以制造、修改、分发并使用那些造物”。常见的开源硬件包括Arduino、树莓派等，课程中我们学习的是开源硬件中的树莓派。

5. 树莓派 Raspberry Pi

树莓派由注册于英国的慈善组织“Raspberry Pi 基金会”开发，埃本·厄普顿（Eben·Upton）为项目带头人。2012年3月，英国剑桥大学的埃本·阿普顿（Eben Epton）正式发售世界上最小的台式机，又称卡片式电脑，外形只有银行卡大小，却具有电脑的所有基本功能，这就是Raspberry Pi电脑板，中文译名“树莓派”。

树莓派是一款基于ARM的微型电脑主板，以SD卡为内存硬盘，卡片主板周围有USB接口和网口，可连接鼠标、键盘和网线，同时拥有HDMI高清视频输出接口以及无线网卡。这些配置全部整合在一张仅比银行卡稍大的主板上，具备所有PC电脑的基本功能。只需接通显示屏、鼠标和键盘就能执行如电子表格、文字处理、玩游戏、播放高清视频等众多功能。

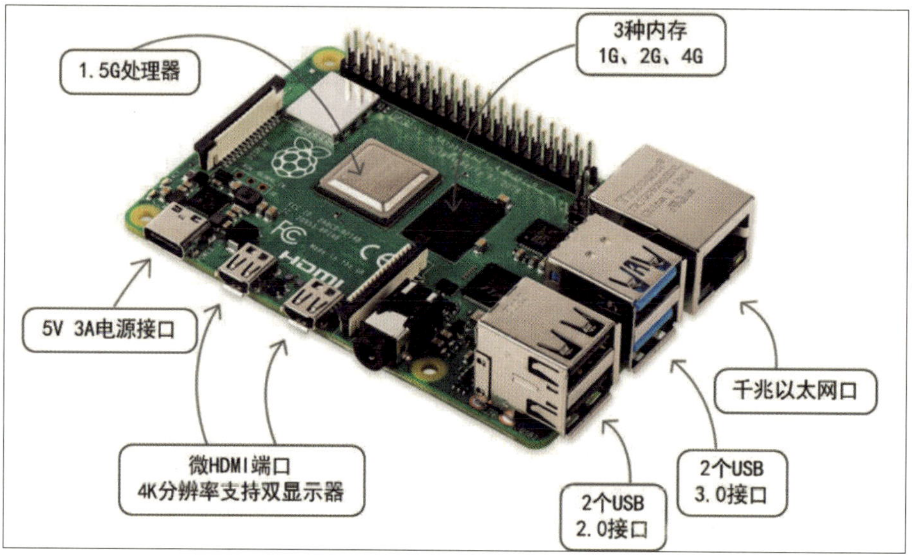

图1 树莓派微观图

6. 舵机

舵机是机械手的重要组成部分，机械手能模仿人的手和臂的某些动作功能，按固定的程序抓取、搬运物件或操作工具的自动操作装置，可以代替人的繁重劳动以实现生产的机械化和自动化，能有效地保护操作人员的人身安全。舵机分为数字舵机和模拟舵机，数字舵机又称为伺服舵机，是由直流电机、减速齿轮组、电位器和控制电路组成，并封装在一个便于安装外壳的伺服单位里，能够根据输入信号比较准确地转动到指定的角度。

7. 发光二极管（Light Emitting Diode，LED）

发光二极管是一种半导体组件。最开始多用作指示灯、显示发光二极管等；随着白光LED的出现，也被用作照明。

发光二极管具有单向导电性，工作电压很低，工作电流很小，抗冲击和抗震性能好，可靠性高，寿命长，调节通过的电流强弱可以方便地控制发光的强弱。在使用过程中要注意区分发光二极管的正负极，区分方法一共有两种：

（1）观察法：从侧面观察两条引出线在管体内的形状，较小的是正极。通过引脚长短也可以看出来发光二极管的正负极，引脚长的为正极，短的为负极。

（2）万用表检测法：用万用表检测发光二极管时，必须使用“R × 10k”档。检测时，将两表笔分别与发光二极管的两条引线相接，如表针偏转过半，同时发光二极管中有一个发亮光点，表示发光二极管是正向接入，这时与黑表笔（与表内电池正极相连）相接的是正极；与红表笔（与表内电池负极相连）相接的是负极。若将两表笔对调后与发光二极管相接，这时为反向接入，表针应不动。

8. 液晶显示器（Liquid Crystal Display，LCD）

液晶显示器是由两块偏光镜、两块薄膜晶体管以及彩色滤光片、光源（荧光灯）、显示面板组成的成像元器件。

早在19世纪末，奥地利植物学家就发现了液晶，即液态的晶体，也就是说一种物质同时具备了液体的流动性和类似晶体的某种排列特性。在电场的作用下，液晶分子的排列会产生变化，从而影响到它的光学性质，这种现象叫作电光效应。利用液晶的电光效应，英国科学家在20世纪制造了第一台液晶显示器，即LCD。